봄날의 햇살처럼
너를 사랑해

봄날의 햇살처럼 너를 사랑해

: 엄마가 들려주는 감성 태교동화

초판 발행 2014년 12월 1일
개정판 발행 2023년 3월 27일

지은이 이야기꽃 / **그린이** 이선민 / **펴낸이** 김태헌
총괄 임규근 / **책임편집** 권형숙 / **편집** 김희정, 윤채선 / **디자인** 패러그래프
영업 문윤식, 조유미 / **마케팅** 신우섭, 손희정, 김지선, 박수미, 이해원 / **제작** 박성우, 김정우

펴낸곳 한빛라이프 / **주소** 서울시 서대문구 연희로2길 62
전화 02-336-7129 / **팩스** 02-325-6300
등록 2013년 11월 14일 제25100-2017-000059호 / **ISBN** 979-11-90846-09-7 14590 / 979-11-90846-60-8(세트)

한빛라이프는 한빛미디어㈜의 실용 브랜드로 우리의 일상을 환히 비추는 책을 펴냅니다.

이 책에 대한 의견이나 오탈자 및 잘못된 내용에 대한 수정 정보는 한빛미디어㈜의 홈페이지나 아래 이메일로 알려주십시오.
잘못된 책은 구입하신 서점에서 교환해 드립니다. 책값은 뒤표지에 표시되어 있습니다.
한빛미디어 홈페이지 www.hanbit.co.kr / 이메일 ask_life@hanbit.co.kr
한빛라이프 페이스북 facebook.com/goodtipstoknow / 포스트 post.naver.com/hanbitstory

---

봄날의 햇살처럼 너를 사랑해

엄마가 들려주는

감성 태교동화

글 이야기꽃 | 그림 이선민

한빛라이프

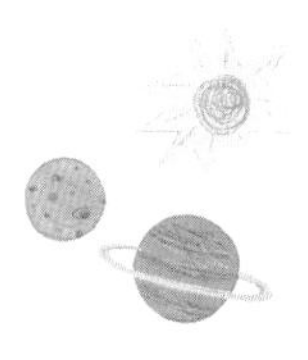

지금 이 순간의 행복

지금까지 이 세상에 없던 생명이 애틋한 인연으로 찾아와 주었습니다.

기적을 마주한 설렘을 40주 내내 지속할 수는 없겠지만 어느 하루도 소중하지 않은 날이 없겠지요. 엄마는 오직 한 생명을 키워 내기 위해서 그 시간을 보내게 될 테니까요. 그 값진 시간을 함께 하고 싶은 마음에 서른여섯 가지 이야기를 찾아 나섰습니다.
이야기를 찾아 시간을 거슬러 가고, 머나먼 나라 곳곳을 누비고 다니며 한 가지 바람이 생겼습니다.

'태교'라는 거창하고 조심스러운 시간보다
엄마랑 아가가 즐겁게 보낼 수 있는 시간이 되어야 한다.

그것이 진정한 태교라고 생각하게 되었습니다.
이야기를 찾아 시공간을 넘나들었다고 했지만 당연히 그런 능력이 없기 때문에 한 계절을 도서관에 파묻혀 지냈습니다. 어느 날은 책 무덤에 머리를 쿵 박기도 하고, 어느 날은 책 속에 파묻혀 키들키들 웃기도 했습니다. 고통스럽지만 즐거운 시간이었죠.

그렇게 찾아낸 서른여섯 가지 이야기는 엄마와 아가가 겪는 몸의 변화와 함께 흘러갑니다. 나에게 찾아와 준 고마움을 이야기하기도 하고, 아이에게 바라는 솔직한 마음을 이야기하기도 합니다. 아이에게 줄 이름을 함께 고민하기도 하고, 세계 곳곳의 지혜를 들려주기도 합니다. 아무 생각 없이 웃을 수 있는 이야기도 있고, 함께 부를 수 있는 노래도 있습니다.
그렇게 해서 다양한 주제와 여러 장르의 이야기를 한 권의 책에 담았습니다. 엄마 아빠가 서른여섯 편의 이야기를 읽어 주는 것이 곧 태담이 될 수 있도록 했습니다. 오직 내 아이에게 들려주는 작은 속삭임처럼, 늦은 밤 사랑하는 이에게 고백하는 편지처럼 정성껏 써내려갔지요.

마침표를 찍는 순간 문득 그런 생각이 들었습니다. 태아는 탯줄을 끊고 세상에 나오지만 보이지 않는 운명의 실로 엄마와 연결되어 있을지 모른다고요.
아이가 세상에 태어날 때 엄마도 함께 태어난다고 합니다. 그러니 임신 기간은 단순히 출산을 위한 준비 기간은 아니겠지요. 임신은 아가와 가장 긴밀한 대화를 나눌 수 있는, 지금 이 순간의 행복입니다.

책이 처음 세상에 나오고, 긴 시간 사랑을 받아온 덕에 이렇게 개정판을 낼 수 있게 되었습니다. 이야기로 만났던 소중한 인연에 감사드립니다. 다시 새로운 인연으로 이어져 생명이 찾아오는 순간을 오래도록 함께 할 수 있는 책이 되기를 소망합니다.

이야기꽃

임신 주수별 정보

임신 주수별 아기와 엄마의 신체 변화, 아빠의 역할을 확인할 수 있습니다. 아기 키와 몸무게는 평균 수치이기 때문에 이보다 작거나 클 수 있다는 걸 기억하세요.

아기는 심장이 뛰고 뇌가 생기며 팔다리를 움직여요.
크기는 작아도 사람 모습 그대로랍니다.

...

엄마는 엽산을 포함한 멀티비타민을 복용하세요.
녹황색 채소나 과일을 많이 섭취하는 것도 좋습니다.
커피나 녹차 1~2잔은 괜찮지만 흡연이나 음주는 절대 금물입니다.
입덧 때문에 힘들 수 있는데, 12주가 지나면 조금씩 나아질 거예요.
심한 운동이나 장거리 여행은 피하세요.
12주 무렵, 초기 초음파로 아기 목 투명대를 보는 검사를 합니다.

...

아빠는 입덧으로 힘든 엄마에게 위로 한마디가
큰 용기와 위안이 된다는 것을 기억해 주세요.
임신 기간 중 아빠의 음주와 흡연도
엄마 배 속의 아이에게 나쁜 영향을 줄 수 있으니 조심하세요.

5주	아기가 만들어지기 시작하는 시기로, 엄청난 세포분열을 통해서 혈액세포, 신장세포, 신경세포가 나타납니다. 초음파로 아기집이 보이고 심장 소리도 들을 수 있어요.
6~7주	팔 다리의 싹이 나타나고 눈과 귀가 생기기 시작합니다. 혈관에 피도 흐르게 됩니다. 키 1cm
8주	팔 다리가 길어지고 손과 발이 생기기 시작합니다. 폐가 생기는 시기입니다.
9주	발가락이 보이기 시작합니다.
10주	눈꺼풀이 나타나고 얼굴의 윤곽도 더욱 뚜렷해집니다. 키 3.1cm / 몸무게 4g
11~12주	성기가 나타나고 제대로 된 사람의 모습을 갖추는 시기입니다. 키 5.4cm / 몸무게 14g

weeks

5

나에게 찾아와 줘서
고마워

나의 기쁨, 너를 맞이하려고 엄마 아빠는 사랑을 했나 봐.
그런데 엄마는 어쩌다 아빠를 사랑했고 아빠는 어쩌다 엄마를 사랑했을까?
아마 사랑의 신 에로스의 화살에 맞아서였을 거야.
에로스가 쏜 사랑의 화살을 피할 수 있는 사람은 이 세상에 없으니까.
인간뿐 아니라 그리스의 신들도 그랬어.
그렇다면 사랑, 그 자체였던 에로스는 어땠을까?
너에게 들려줄 첫 이야기는 바로 그 사랑에 관한 이야기란다.

• 16 •

매주 하나씩 전하는 사랑의 메시지

이야기를 읽기 전 아기에게 하고 싶은 태담으로 말을 걸 수 있습니다.

말하듯이 읽어 주는 태교동화와 태담

아기에게 말하고 싶은 주제에 맞춰
세계 곳곳의 동화, 시, 옛이야기를 모으고 입말체로 썼습니다.

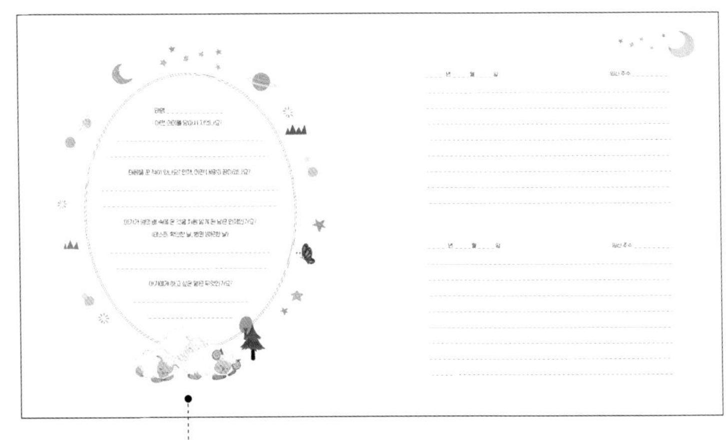

미니 다이어리

가끔 아기에게 하고 싶은 말이나
나의 느낌, 변화를 써 보세요. 소중한 기록이 될 거예요.

• 이렇게 읽어 주세요 •

태아는 외부에서 들려오는 다양한 소리 중 임신 기간 동안 태담을 들려준 엄마와 아빠의 소리를 기억한다고 하지요. 태어나기 전까지 엄마의 심장 리듬을 2,600만~2,800만 번을 듣는다고 합니다. 그래서 갓난아기는 여러 사람의 목소리 중에서 엄마 목소리를 꼭 집어 알아내고, 아빠의 목소리에 반응하는 모습을 볼 수 있습니다. 심지어 엄마가 자주 불렀던 노래를 태어난 후 좋아하게 되는 경우도 있습니다.

이처럼 배 속에 있는 아이가 가장 먼저 하는 경험이 바로 듣기입니다. 그렇기 때문에 아이와의 교감을 위해 일기를 쓰고, 말을 걸어 주고, 배를 쓰다듬어 주는 노력이 필요합니다.

- 하루를 마감하는 저녁, 편안한 옷으로 갈아입어요.
- 엄마 아빠가 함께 앉아 책을 펼칩니다.
- 주 수에 해당하는 이야기를 엄마 아빠가 번갈아 읽어 주세요.
  역할에 맞게 다양한 목소리로 바꿔 가며 읽어 주면 태아의 뇌 운동과 발달을 도울 수 있어요.

갑자기 조용한 분위기에서 책을 읽는 것이 쑥스럽거나 아직 아기에게 말 거는 게 어색하다면 책 읽기에 적당한 음악을 틀고 시작해 보세요. 마음을 어루만져 주는 따뜻한 음악, 밝고 경쾌한 음악 모두 좋습니다.

● 함께 들으면 좋은 음악 20

'차분하고 서정적인 느낌을 줘요'

드뷔시 <달빛>
리스트 <파가니니 대연습곡 3번 - 라 캄파넬라>
멘델스존 <봄의 노래>
모차르트 <피아노 협주곡 21번> C장조 2악장 Andante
바흐 <G선상의 아리아>
베토벤 <전원교향곡> 1악장 F장조 Allegro ma non troppo
쇼팽 <야상곡 2번>
쇼팽 <전주곡 15번 - 빗방울 전주곡>
슈베르트 <자장가> 2번
차이콥스키 <사계 - 6월 : 뱃노래>

'경쾌하고 밝은 느낌을 줘요'

그리그 <페르귄트 조곡 1번 - 아침의 기분> E장조
메르켈 <즐거운 사냥꾼>
모차르트 <클라리넷 협주곡> A장조 2악장 Adagio
모차르트 <피아노 소나타 11번> A장조
바흐 <안나 막달레나 바흐를 위한 작은 음악 수첩 - 미뉴에트> G장조
슈만 <즐거운 농부>
스카를라티 <키보드 소나타 531번> E장조
크라이슬러 <사랑의 기쁨>
하이든 <현악4중주 5번 - 종달새> D장조 1악장 Allegro Moderato
헨델 <하프시코드를 위한 모음곡 5번 - 유쾌한 대장간> E장조

| 차 례 |

들어가는 글 4

이 책의 구성 6

이렇게 읽어 주세요 8

• Chapter 1 •

나에게 찾아와 줘서 고마워

5주 • 나에게 찾아와 줘서 고마워 프시케와 에로스 16

6주 • 마음밭을 갈고닦으면 좋은 생각들이 자라 복 타러 간 총각 22

7주 • 내 몸에 두 개의 심장이 뛰는 날들 나무 심는 노인 26

8주 • 날마다 사랑을 배워 어머니의 힘 30

9주 • 꽃을 보며 너를 위해 기도해 인디언의 기도 34

10주 • 네 얼굴을 그려 보았어 빰바밤빰바 뚜뚜루뚜뚜뚜 38

11주 • 네가 있어 내 마음에 빛이 자라 호박꽃 초롱 46

12주 • 너에게 이름을 줄게 어린왕자와 여우의 대화 48

• Chapter 2 •

우린 같은 꿈을 꾸고 있을까?

13주 • 가만히 귀 기울여 봐 부자 농부의 신부 54

14주 • 오늘은 우리, 뭘 먹을까? 밀과 보리가 자라네 60

15주 • 모든 것이 그저 감사할 뿐이야 우유통에 빠진 개구리 62

16주 • 엄마 배꼽이 간지러워 박박 바가지 66

17주 • 고요히, 네 숨결을 느껴 해풍과 아미나타 70

18주 • 우린 같은 꿈을 꾸고 있을까? 꿈에서 얻은 생명의 약 76

19주 • 오늘도 으랏차차! 커다란 순무 80

20주 • 꼬물꼬물 움직이는 너에게 봄 84

• Chapter 3 •

뭐든 마음먹으면 돼

21주 • 인생은 춤추는 거야 이상한 나라의 앨리스 88

22주 • 길을 떠나야 자랄 수 있어 오즈로 가는 길 94

23주 • 때론 낯선 곳에서 비로소 나를 볼 수 있어 꿀벌 마야의 모험 98
24주 • 조금 부족해도 넉넉해 부족해도 넉넉하다네 102
25주 • 뭐든 마음먹으면 돼 하룻밤에 개울물을 아홉 번 건넌 사람 106
26주 • 지금 이 순간이 행복해 거꾸로 가는 시계 110
27주 • 홀로 빛나는 별은 없어 헬렌 켈러와 설리번 116
28주 • 바람이 우리를 데려다주겠지 바람아 바람아 불어라 120

• Chapter 4 •
나누면 나눌수록 행복해

29주 • 오래된 것은 뭐든 좋아 보잘것없는 그릇 124
30주 • 나누면 나눌수록 행복해 개구리네 한솥밥 128
31주 • 세상 모든 것이 이어져 있어 마고할미 134
32주 • 머리가 아닌 마음으로 배워 종이에 싼 당나귀 138
33주 • 마음으로 귀 기울이면 별 142

34주 • 네가 말을 걸어오면 행복의 열쇠, 프리뮬러 148

35주 • 조금씩 조금씩 갈 수 있는 곳까지 빨간 머리 앤 152

36주 • 웃으면 몸도 마음도 기뻐해 비밀의 화원 156

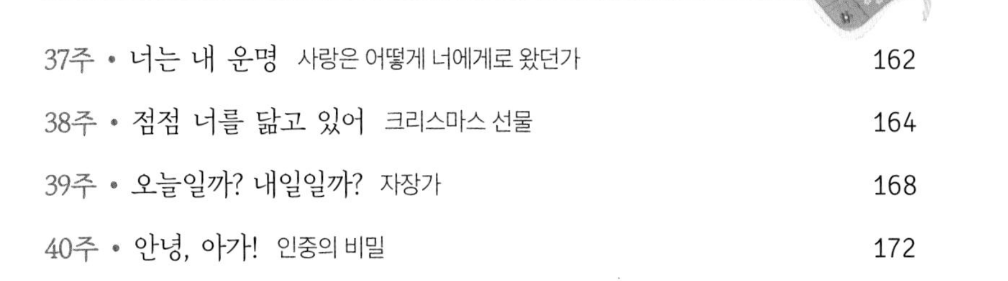

• Chapter 5 •

안녕, 아가!

37주 • 너는 내 운명 사랑은 어떻게 너에게로 왔던가 162

38주 • 점점 너를 닮고 있어 크리스마스 선물 164

39주 • 오늘일까? 내일일까? 자장가 168

40주 • 안녕, 아가! 인중의 비밀 172

글의 출처 176

미니 태교 다이어리 177

아기는 심장이 뛰고 뇌가 생기며 팔다리를 움직여요.
크기는 작아도 사람 모습 그대로랍니다.

•••

엄마는 엽산을 포함한 멀티비타민을 복용하세요.
녹황색 채소나 과일을 많이 섭취하는 것도 좋습니다.
커피나 녹차 1~2잔은 괜찮지만 흡연이나 음주는 절대 금물입니다.
입덧 때문에 힘들 수 있는데, 12주가 지나면 조금씩 나아질 거예요.
심한 운동이나 장거리 여행은 피하세요.
12주 무렵, 초기 초음파로 아기 목 투명대를 보는 검사를 합니다.

•••

아빠는 입덧으로 힘든 엄마에게 위로 한마디가
큰 용기와 위안이 된다는 것을 기억해 주세요.
임신 기간 중 아빠의 음주와 흡연도
엄마 배 속의 아이에게 나쁜 영향을 줄 수 있으니 조심하세요.

5주	아기가 만들어지기 시작하는 시기로, 엄청난 세포분열을 통해서 혈액세포, 신장세포, 신경세포가 나타납니다. 초음파로 아기집이 보이고 심장 소리도 들을 수 있어요.
6~7주	팔 다리의 싹이 나타나고 눈과 귀가 생기기 시작합니다. 혈관에 피도 흐르게 됩니다. 키 1cm
8주	팔 다리가 길어지고 손과 발이 생기기 시작합니다. 폐가 생기는 시기입니다.
9주	발가락이 보이기 시작합니다.
10주	눈꺼풀이 나타나고 얼굴의 윤곽도 더욱 뚜렷해집니다. 키 3.1cm / 몸무게 4g
11~12주	성기가 나타나고 제대로 된 사람의 모습을 갖추는 시기입니다. 키 5.4cm / 몸무게 14g

Chapter 1

나에게 찾아와 줘서 고마워

weeks

5

나에게 찾아와 줘서 고마워

나의 기쁨, 너를 맞이하려고 엄마 아빠는 사랑을 했나 봐.

그런데 엄마는 어쩌다 아빠를 사랑했고 아빠는 어쩌다 엄마를 사랑했을까?

아마 사랑의 신 에로스의 화살에 맞아서였을 거야.

에로스가 쏜 사랑의 화살을 피할 수 있는 사람은 이 세상에 없으니까.

인간뿐 아니라 그리스의 신들도 그랬어.

그렇다면 사랑, 그 자체였던 에로스는 어땠을까?

너에게 들려줄 첫 이야기는 바로 그 사랑에 관한 이야기란다.

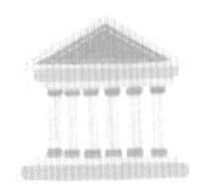

프시케와
에로스

옛날 옛날에 어느 왕국의 왕과 왕비에게 딸이 셋 있었어. 딸들이 다 예뻤지만 셋째 딸 프시케는 너무나 아름답고 매혹적이라 사람들이 여신처럼 숭배했어. 미의 여신 아프로디테보다 못할 것이 없다고 여겼던 거야. 한 술 더 떠 프시케가 여신 아프로디테를 대신해도 좋겠다고 말하는 사람들도 있었어. 일이 이쯤 되자 아프로디테는 질투와 분노로 활활 타올랐어.

"감히 나의 아름다움에 도전하다니!"

프시케에게는 어쩐 일인지 구혼자가 하나도 없었어. 답답해진 왕은 신탁을 들으러 갔지. 우연히 아프로디테의 신전으로 가게 되었고, 그곳에서 왕은 생각지도 못한 신탁을 들어야 했어. 끔찍하고 잔인했지만 신탁은 절대적이라 거역할 수 없었어. 그래서 왕은 프시케를 어둠이 내려앉은 산꼭대기에 두고 와야 했어. 신탁은 프시케가 그곳에서 구렁이를 신랑으로 맞아야 한다고 했거든.

프시케를 홀로 두고 왕과 신하들이 떠나자 아프로디테의 아들이자 사랑의 신 에로스가 이때다 하고 화살을 준비했어. 프시케가 흉측한 구렁이와 사랑에 빠지도록 하라는, 아프로디테의 명이 있었거든. 그런데 프시케의 미모에 놀라 움찔했는지 에로스는 실수를 하고 말아. 프시케에게 쏘아야 하는 화살에 자신의 손가락을 베고 말았지! 그 순간 사랑의 신 에로스도 사랑에 빠지게 돼. 에로스는 친구인 서쪽바람에게, 프시케를 낙원의 골짜기에 살짝 내려놓아 달라고 부탁했어.

그때부터 구렁이를 신랑으로 맞을 수밖에 없었던 프시케에게 뜻밖의 삶, 낙원에서의 안락한 삶이 펼쳐졌어. 다만 주의할 것이 있었지. 신랑이 누구인지 물어서도 안 되고 보려고 해서도 안 되었어.

행복한 날들이 계속될 것만 같던 어느 날, 질투에 사로잡힌 두 언니가 프시케를 찾아왔어. 언니들은 신랑이 실은 신탁대로 흉측한 구렁이일지 모르니까 확인해 보라고 프시케를 꼬드겼어. 구렁이나 괴물이 아니면 왜 자신을 보여 주지 않겠냐며 의심의 불씨를 지폈지. 그러고는 프시케에게 칼과 등불을 주고 갔어.

그날 밤 프시케는 언니들 말에 따라 한 손에는 등불을 들고 다른 한 손에는 칼을 들었어. 등불 아래에서 신랑을 본 프시케는 깜짝 놀랐어. 신랑은 괴물도 구렁이도 아니었어. 신들에서도 가장 아름답다는 에로스였던 거야! 아무것도 모르고 잠들어 있는 아름다운 신랑을 한 번 더 보려는데, 기름 한 방울이 에로스의 어깨에 똑 떨어지고 말았어. 놀라 눈을 뜬 에로스는 어떤 변명도 들으려 하지 않고 프시케를 홀로 두고 떠나 버렸어.

프시케는 허둥지둥 에로스를 쫓다 창에서 떨어졌지. 땅에 쓰러져 얼마나 울었는지 몰라. 이윽고 정신을 차렸을 때는 꽃이 만발한 정원도, 아름다운 궁전도 다 사라져 버리고 허허벌판만이 눈앞에 펼쳐져 있었어.

한순간에 사랑을 잃은 프시케는 에로스를 찾아 세상을 헤매고 다녔어. 여신들은 그런 프쉬케가 딱하다 생각했지만 아프로디테 눈치를 보느라 누구도 도와주려 하지 않았어. 어느 날 프시케는 아프로디테의 성에 도착했어. 프시케는 그곳이 어디인지, 아프로디테가 누구인지도 모르고 고민을 털어놓았어. 신랑을 꼭 되찾아야겠다는 프시케에게 아프로디테는 조건을 걸었어.

“신랑을 찾을 수 있도록 도와주지. 그런데 먼저 내가 내는 과제를 해결해야 해.”

첫 번째 과제는 곡식들을 분류하는 일이었어. 보리, 밀, 수수 등이 마구 뒤섞여 있는데 종류별로 골라 놓아야 했지. 한숨을 푹푹 쉬는데, 태양신 아폴론이 개미들을 보내 프시케를 도왔어. 두 번째 과제는 사람도 잡아먹는 양의 황금 털을 깎는 일이었어. 역시 한숨을 푹푹 쉬는데, 또 아폴론이 도와주었어. 프시케는 금빛 양털을 아프로디테에게 안겨 주며 두 번째 과제도 해결했어.

지하세계로 이어진 스틱스 강에서 물을 한 양동이 떠 와야 하는 세 번째 과제까지 해결하자 이제 프시케에게는 진짜 진짜 어려운 마지막 과제가 남았어. 그건 바로 지하세계에 있는 페르세포네에게 가서 비밀 상자를 받아 와야 하는 과제였지.

지하세계라니, 죽어야만 갈 수 있는 곳이잖아? 프시케는 엉엉 울었어. 그렇지만 포기할 수는 없었어. 잃어버린 사랑을 꼭 되찾아야 했으니까.

프시케는 높디높은 탑의 꼭대기에 올랐어, 뛰어내리려고 말이야. 그때 탑에서 목소리가 들려왔어.

"프시케야, 어찌하여 목숨을 내려놓으려고 하느냐?"

목소리는 어떻게 하면 지하세계로 갈 수 있는지 알려 주었어. 목소리는 지하세계 문 앞에 있는 머리 셋 달린 개를 피할 수 있는 요령도 알려 주었어. 지하세계의 강을 건넜다 다시 돌아오려면 어떻게 해야 하는지, 그러니까 뱃사공을 어떻게 설득하면 좋은지도 알려 주었어. 그리고 마지막으로 덧붙였지.

"페르세포네가 상자를 줄 거야. 그때 주의해야 할 것이 있어. 절대 상자를 열어서도 안 되고, 들여다봐서도 안 돼."

프시케는 탑의 목소리가 알려 준 대로 요령껏 저승세계에 갈 수 있었고, 페르세포네에게서 상자를 받아 지하세계의 강을 건너 돌아올 수 있었어. 그런데 과연 상자에 무엇이 들어 있을까 궁금했던 프시케는 도저히 참을 수 없어 상자를 열어 보고 말았어. 상자 안에 페르세포네의 미의 비결이 들어 있다면 더 아름다워져서 에로스를 만날 수 있을 거라고 생각한 거야.

상자를 열자마자 프시케는 그 자리에서 잠이 들어 버렸어. 상자 속에는 잠이 가득

들어 있었거든. 그동안 프시케를 계속 지켜보던 에로스는 길 한가운데 쓰러져 잠들어 있는 프시케에게 날아와 그녀를 살살 흔들어 깨웠어. 그동안 아폴론이 프시케를 그냥 도와주었겠어? 에로스가 부탁했으니까 그녀를 도왔던 거야. 눈을 뜬 프시케는 에로스를 보고 눈물을 흘렸어.

"당신을 얼마나 그리워했는지 몰라요."

에로스는 프시케를 안고 하늘로 올라갔어. 제우스에게 자신들의 사랑을 허락해 달라고 간절히 청했지. 제우스는 아프로디테를 설득했고, 결국 아프로디테도 둘을 허락해 주었어. 잃어버린 사랑을 되찾겠다고 죽으려고까지 했으니 아프로디테도 어쩔 수 없었을 거야. 프시케는 신이 되었고, 곧 아이를 낳았어. 그리고 아이 이름을 헤도네, '기쁨'이라 지었단다.

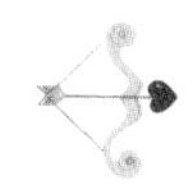

먼 옛날이나 지금이나 진정한 사랑을 하려면 굽이굽이

몇 번의 골짜기를 넘어야 하나 봐.

두 사람은 사랑을 통해 성장하고 '기쁨'이라는 사랑의 결실을 맺었으니

세상에 사랑만 한 기적이 또 있을까!

weeks

6

마음밭을 갈고닦으면 좋은 생각들이 자라

오늘 엄마 아빠는 마음밭에 씨를 뿌려 놓았어. 마음에서 감정이 흘러나오고,
마음에서 생각이 자라니까. 엄마 아빠는 요즘 아침저녁으로 마음밭을 갈고닦아.
오늘 우리가 어떤 씨를 뿌려 놓았을까 궁금해?
부지런한 농부처럼 마음밭에 긍정의 씨를 뿌려 놓았지.
먼저 삐죽삐죽 자라고 있던 풀들을 뽑고, 쇠스랑으로 살랑살랑 흙을 갈고,
긍정의 씨앗을 솔솔 뿌려 놓았어.
꽃이 피면 나비도 찾아들 테고 세상은 더 아름다워지겠지?

복타러 간
총각

옛날에 지지리 복도 없던 총각이 어머니랑 단둘이 살았어. 총각은 워낙 부지런해서 아침이면 산에 나무를 하러 갔어. 해질 무렵이면 지게에 산더미처럼 나무를 얹어 집으로 돌아왔지. 그런데 어찌된 일인지 다음날이면 나무가 몽땅 없어지는 거야. 되는 일이라곤 하나도 없었고 살림은 궁색하니 장가 들 생각도 못했지.

어느 날 총각은 서천서역국에 가면 복을 탈 수 있다는 소리를 들었어. 총각은 괴나리봇짐 하나 달랑 짊어지고 길을 나섰지. 서천서역국이라 했으니, 그저 서쪽으로 가면 되겠거니 생각했어. 길은 멀고도 험했어. 그래도 총각은 부지런히 걷고 또 걸었어.

이윽고 밤이 되어 총각은 하룻밤 쉴 곳을 찾았어. 겨우 불빛 하나 찾았는데, 외딴집에서 처녀 혼자 살고 있지 뭐야. 처녀는 하룻밤 재워 줄 테니 부탁 하나 들어달라고 했어.

"제가 신랑 복이 없어 여태 혼자랍니다. 어찌하면 좋을지 좀 물어봐 주세요."

다음날도 총각은 걷고 또 걸었어. 저물녘이 되어 하룻밤 묵을 집을 찾아들었지. 그 집에는 노인이 살고 있었는데, 노인도 총각에게 부탁을 했어.

"우리 집에 크고 좋은 배나무 세 그루가 있는데, 도무지 배가 열리지를 않아. 웬일인지, 그 까닭 좀 물어봐 주구려."

다음날도 총각은 걷고 또 걸었어. 이번에는 큰물이 앞을 가로막았어. 총각이 발을 동동거리고 있으려니 웬 이무기가 슬그머니 다가왔어. 이무기는 총각을 태워 큰물을 건너 주며 부탁했어.

"천 년이 넘도록 도를 닦고 여의주도 둘이나 있는데, 여태 승천을 못하고 있다네. 뭔 까닭인지 물어봐 주면 좋겠네."

총각은 어찌어찌 서천서역국에 이르렀어. 그런데 서천서역국 황제가 말하기를, 총각은 이미 복을 받았고, 그 복이 무엇인지는 곧 알게 될 것이니 그만 돌아가라는 거야. 총각은 허탈했지만 약속을 잊지 않고 처녀와 노인과 이무기의 답을 물어보았어.

총각은 터덜터덜 집으로 가는 길에 서천서역국에서 구해 온 답을 하나하나 일러 주었어. 이무기는 여의주를 하나만 입에 물면 되고, 배나무 주인은 배나무 밭에 묻힌 금덩이를 파서 버리면 되고, 외딴집 처녀는 여의주와 금덩이를 안고 오는 남자를 만나면 된다는 거야.

이무기랑 노인은 잊지 않고 답을 구해 주었다고 총각에게 선물을 하나씩 주었어. 총각은 여의주와 금덩이를 안고 처녀를 찾아갔지. 그렇게 처녀와 총각은 혼인해서 평생 행복하게 잘살았다나 봐.

되는 일이 없다고 투덜투덜하면 뭐해.
씨앗 하나라도 더 뿌리고 정성으로 돌봐야지.
총각이 서천서역국을 찾아 걷고 또 걸었듯이, 또 길에서 맺은 인연을 잊지 않았듯이 말이야.
그렇게 정성을 들이다 보면 그 작은 씨앗에서 어느 순간 복이 주렁주렁 솟아오를 거야!
복이란 멀리 있는 것이 아니라 우리 마음에 있으니까.

weeks

7

내 몸에 두 개의 심장이 뛰는 날들

오늘 처음으로 네 심장 소리를 들었어.

작은 심장이 쿵쾅쿵쾅 뛰는 소리를 듣자 엄마 아빠 심장도 쿵쾅쿵쾅 뛰었어.

비로소 엄마 몸에 두 개의 심장이 뛰고 있다는 걸 실감했지.

엄마 몸 안에 또 하나의 세계가 움트고 있는 것 같아 근사한 기분이 들었어.

지금은 씨앗보다도 작은 심장이지만

앞으로 심장이 두근거리는 경험을 통해 너는 마음을 얻게 될 거야.

오늘은 너에게 마음에 관한 이야기를 들려주려고 해. 사람에게는 왜 마음이 있는지,

마음에 무엇을 담아야 하는지, 이야기에 귀 기울여 주겠니?

나무 심는 노인

흰머리 성성한 노인이 뜰에 나와 아직 어린 나무를 심고 있었어. 마침 그곳을 지나가던 젊은이가 걸음을 멈추고 노인에게 물었지.

"할아버지, 그 나무가 자라서 열매를 맺으려면 얼마나 걸릴까요?"

노인은 땅을 일구며 대답했어.

"오십 년쯤 지나면 탐스러운 열매가 열릴 걸세."

젊은이는 고개를 갸웃하며 다시 물었어.

"할아버지는 오십 년 후에 그 열매를 드실 수 있을까요?"

그제야 노인은 하던 일을 멈추고 대답했어.

"내가 그때까지 살긴 힘들지."

젊은이는 이해가 되지 않는다는 얼굴로 다시 물었어.

"그런데 왜 힘들게 나무를 심으세요?"

노인은 다시 땅을 일구며 대답했어.

“내가 떠난다 해도 이 세상은 끝나지 않을 테니까.”

젊은이는 노인의 말이 이해되지 않았어. 노인은 땅을 다 일구고, 구덩이에 나무를 세우며 말을 이었어.

“뜰을 한번 둘러보게나. 아름드리나무가 즐비하지. 내가 태어났을 때 나무마다 맛있는 열매가 주렁주렁 열렸어. 나는 그 열매를 먹고 자랐네. 내가 죽더라도 누군가는

이 나무에 열린 열매를 먹지 않겠나?"

젊은이는 그제야 노인의 마음을 이해할 수 있었어.

"지금껏 저는 한번도 그런 생각을 못했어요. 제가 먹었던 열매도 누군가 오래전에 심어 놓은 나무에서 열렸을 텐데요."

노인은 괜찮다는 듯 젊은이를 보며 고개를 끄덕여 주었어. 젊은이는 노인을 도와 나무를 세운 구덩이에 흙을 덮어 주었지. 노인은 흙을 발로 꾹꾹 밟아 주며 살며시 미소를 지었어.

노인의 미소를 떠올리며 엄마 아빠는 생각했어.

사람들이 그렇게 마음을 나누며 이 세상을 만들어 가는 거 아닐까?

아마도 사람한테 마음이 있는 이유는 다른 누군가와 나누기 위해서일 거야.

엄마 아빠는 네가 세상에 나와 다양한 생각과 감정과 추억을 마음에 담고,

많은 사람들과 마음을 나눌 수 있기를 바라.

weeks

8

날마다 사랑을 배워

사랑이 뭔지, 누구나 잘 알고 있다고 생각하겠지?

엄마 아빠도 그랬어. 그런데 요즘 우리는 너를 통해 새록새록 사랑을 배워.

돌아보니 사랑은 여러 이름으로 세상에 널리 퍼져 있었어.

용서도 사랑이고 배려도 사랑이고 공감도 사랑이야.

그래도 '엄마의 사랑'에는 조금 더 특별한 무엇이 있지 않을까?

어머니의 힘

옥이는 집 굴뚝 앞에서 점순이랑 막둥이랑 소꿉놀이를 하고 있어. 엄마처럼 등에 베개를 업고 자장자장 하면서. 베개 아가는 콜콜 잠이 들어 울지도 보채지도 않아. 그래도 옥이 엄마는 더 자라고 자장자장 하며 베개 아가 엉덩이를 두드려 주었어. 옥이 엄마는 베개 아가 말고 점순이랑 막둥이도 돌봐야 하니까. 옥이 엄마는 아이들 꼴을 보고 속이 무척 상했어.

"아니, 옷 꼴이 이게 뭐니, 얼굴은 또 이게 뭐니."

오늘 옥이는 엄마니까 아이들에게 모범이 되어야 했어. 그래서 옷매무새도 단정하고 얼굴도 깨끗했지.

조금 있으려니 점순이랑 막둥이가 옥이 엄마에게 밥 달라고 떼를 쓰는 거야.

"어머니, 나 밥 줘."

어린 딸 점순이가 말했어.

"어머니, 나 밥 줘."

어린 아들 막둥이도 말했어.

그 말에 옥이는 '우리 아이들 밥을 지어 주어야겠구나' 하고는 집에 쌀이 얼마나 있나 보았어. 그런데 집에 쌀이라고는 한 톨도 없지 뭐야. 옥이 엄마는 막둥이랑 점순이에게 니들은 집에 있으라 하고는, 등에 업은 베개 아가를 자장자장 하며 멀리까지 쌀을 구하러 갔어.

집 건너편 언덕 아래서 쌀이라 생각하고 흙 한 줌 쥐고 돌아오는데, 그사이 집에는 난리가 났어. 난데없이 커다란 개 한 마리가 어슬렁어슬렁 막둥이하고 점순이에게 다가가고 있는 거야.

"어머니, 아이고 무서워!"

점순이가 한걸음에 옥이 엄마에게 달려들었어.

"어머니, 아이고 무서워!"

막둥이도 한걸음에 옥이 엄마에게 달려들었어.

"이를 어째, 큰일 났네."

어제의 옥이라면 무서워 앙 하고 울며 달아났을 텐데, 오늘 옥이는 엄마니까 그럴 수 없잖아. 치마폭에 매달려 있는 막둥이랑 점순이는 어쩌고 혼자 도망 가느냔 말이야. 엄마 옥이는 한 손에 막대기를 들고 한 손에 돌을 집어 들었어.

"이놈의 개! 이놈의 개!"

겁도 없이 소리를 치며 개 앞에 마주 섰어. 곰처럼 큰 녀석이 저보다 작은 옥이에게 겁을 집어먹었나 봐. 뒤도 안 돌아보고 뛰어 달아나지 뭐야.

소꿉놀이를 하던 옥이는 개 앞에서 동생들을 지키려다 진짜 엄마가 되었어.

순간 '엄마의 힘'이 불뚝불뚝 생겼나 봐.

이 동화를 쓴 작가님이 말하길, 사랑하는 아들딸을 위해 자기 몸을 돌아보지 않고

앞장서서 나서는 힘이 엄마의 힘이래. 그러니까 엄마의 힘이란 사랑인가 봐.

특별한 용기와 힘이 필요한 순간, 엄마 아빠도 부모의 사랑으로

그 순간을 극복해 낼 수 있으면 좋겠다.

weeks

9

꽃을 보며 너를 위해 기도해

네가 나를 찾아온 그날부터 엄마 아빠에게는 여러 버릇이 생겼어.
그중 하나는 아름다운 풍경을 마주할 때마다 잠시 멈춰 서는 거야.
네가 충분히 보고 느끼기를 바라기 때문이지.
오늘은 문득 그 시간이 기도처럼 여겨졌고,
기도란 세상에 보이지 않는 수많은 것들과 대화하는 시간이구나, 생각했어.
우리의 기도로 세상 모든 생명들이 네 곁에서 다정하게 말을 걸어 주었으면 해.
그 순간만큼은 아름다운 풍경이 우리를 위해 잠시 머물러 주길 바라본단다.

인디언의 기도

언제나 우리를 감싸 안아 주는
어머니 대지에게 고마움을 전합니다.
쉼 없이 순환하며 삶의 터전을 마련해 주었지요.
우리의 삶도
모든 것을 품을 수 있기를 기도합니다.

소중한 물을 우리에게 실어 날라 주는
강과 시내에게 고마움을 전합니다.
모든 생명이 살아갈 수 있는 힘을 주었지요.

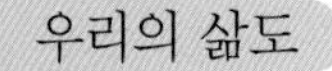

우리의 삶도

모두에게 흘러갈 수 있기를 기도합니다.

병이 나면 약이 되어 주는

꽃과 나무와 풀에게 고마움을 전합니다.

고통을 딛고 다시 숨 쉴 수 있게 해 주었지요.

우리의 삶도

다른 생명을 치유할 수 있기를 기도합니다.

해가 진 뒤에도 어둠을 밝혀 주는

달과 별에게 고마움을 전합니다.

두려움에 떨며 길을 잃지 않도록 이끌어 주었지요.

우리는 또한 어김없이 떠오르는

태양에게 고마움을 전합니다.

새로운 날들 위에 생명의 빛을 뿌려 주었지요.

우리의 삶도

빛을 머금을 수 있기를 기도합니다.

마지막으로, 우리는
세상 모든 것에 깃들어 있는
영혼에 고마움을 전합니다.
여린 생명이 순수한 의지를 꺼트리지 않도록
세상 만물에 기운을 북돋아 주었지요.
우리의 삶도
선한 의지로 지속될 수 있기를 기도합니다.

요즘 엄마는 매일 아침 머리 위로 쏟아지는 햇볕에 감사하고
달콤한 바람 한 자락에 감사해.
길가에 핀 작은 꽃을 보며 내 안에 생명이 움트고 있음에 감사하고,
맛있는 음식을 너와 먹을 수 있어 감사해.
곧 너를 만나 새로운 삶을 맞게 될 것에 감사해.
매일매일 매 순간 너를 느끼며 감사해.

weeks

10

네 얼굴을 그려 보았어

맨 처음 초음파 사진을 보았을 땐 콩알보다 작은 네가 마냥 신기했어.
이쯤이면 팔과 다리가 자란다 하니 손가락은 어떻게 생겼을까,
발가락은 어떻게 생겼을까, 벌써부터 궁금해지지 뭐야.
예비 엄마들은 배우 사진을 보며 아이가 아름다운 외모를 닮기를 바란대.
엄마도 배우 사진을 벽에 딱 붙여 놓으려고 했어.
그런데 인디언 엄마들은 아이가 태어날 때까지,
아름다운 품성을 지닌 사람을 생각하며 아이가 그 사람을 닮기를 바란다고 해.
그 이야기를 듣고 엄마에게 떠오르는 얼굴이 있었어. 너에게 들려줄게.

빰바밤빰바
뚜뚜루뚜뚜뚜

전쟁으로 폐허가 된 남수단 작은 마을 톤즈에 브라스밴드의 연주가 울려 퍼졌어. 키도 제각각 나이도 제각각인 아이들이 단복을 차려입고 번쩍번쩍 빛나는 금관 악기를 연주하는데, 제법 근사해. 이토록 멋진 브라스밴드를 만든 사람은 멀리 한국에서 온 이태석 신부.

그가 남수단 최초로 브라스밴드를 만들었어. 밴드만 처음이 아니야. 이태석 신부는 톤즈의 유일한 의사이며 톤즈에 처음으로 학교를 지었고, 한국인 최초로 아프리카에 간 신부이기도 해.

그런데 어떻게 한국인 신부가 그 먼 나라까지 간 걸까?

신학생 시절 이태석은 전쟁 중인 수단에 가게 되었어. 굶주림으로 뼈만 남은 아이들이 총에 맞아 죽고, 살아남아도 병에 시달리다 치료 한 번 받지 못하고 죽는 것을 보고 신부가 되어 꼭 돌아오겠다고 생각했어. 톤즈와의 인연이 그렇게 시작된 거지.

그런데 도움이 필요한 사람을 외면하지 못하는 마음이 그 먼 곳까지 그를 이끌었다면, 오래전에 예정된 만남이었는지도 몰라.

열 남매에서 아홉째였던 이태석은 아홉 살에 아버지를 여의었어. 어머니가 바느질해서 자식들을 키우느라 형편이 넉넉지 못했지만 도움이 필요한 사람을 보면 제일 먼저 달려갔어. 그런 그에게 신부님과 수녀님이 고아가 된 아이들을 돌보는 모습은 마음 깊이 자리 잡았어. 커서 고아원을 차리고 싶다는 꿈을 꾸기도 했지.

성당은 이태석에게 안식처가 되었어. 음악적 재능을 그곳에서 꽃피우기도 했어. 혼자 풍금을 익히고 기타도 치고, 고등학생 땐 성가를 작곡하기도 했어. 공부도 잘해서 의대에 합격했는데, 어머니는 아들이 대통령이 된 것보다 기쁘다고 하셨어. 하지만 어릴 적 품었던 꿈 때문이었을까. 이태석은 의사가 되기보다는 자신의 도움이 더 절실한 사람들 곁에 있고 싶었어. 다시 신학 대학에 가서 신부가 되었지.

사제서품을 받고 톤즈에 도착한 이태석 신부는 짐을 풀기도 전에 바로 아픈 사람들을 치료했어. 난생처음 의사를 만나서인지 엉뚱한 반응을 보이는 사람들도 있었어. 이태석 신부가 총탄에 다친 아이의 머리를 꿰매며 “다했으니, 조금만 참아” 하는데, 아이는 치료가 끝났는데 왜 아직도 아프냐고 따지기도 했어.

이태석 신부를 만나면 살 수 있다는 소문이 퍼져서 100킬로미터를 걸어온 사람도 있었어. 환자가 늘자 이태석 신부는 병원을 짓기로 결심했어. 못 하나 벽돌 하나 없어 이룰 수 없는 꿈처럼 보였지만, 톤즈 강에서 모래를 퍼 날라 케냐에서 산 시멘트와 섞어 벽돌을 만들었어. 살이 푹푹 익는 듯한 더위에도 마을 사람들이 죄다 모여 하루하루 꿈을 현실로 만들었지.

어느새 열두 개 병실을 갖춘 병원이 마을에 턱하니 세워졌고, 병원은 아침부터 환자들로 북새통이었지. 이태석 신부는 밤에 자다가도 환자가 오면 부리나케 나가서 맞이했어. 병원이 환자를 치료해 주는 장소가 아닌 사람과 사람이 만나는 곳이 되길 바라서 수단 말도 열심히 배웠어.

그는 직접 환자를 찾아다니기도 했어. 자신의 병이 뭔지도 몰랐던 한센인들을 치료해 주고 모여서 살 수 있는 마을도 만들어 주었어. 아무도 찾지 않는 그들 곁에서 이야기를 들어주었어. 상처뿐인 삶을 어루만져 주는 유일한 사람. 한센인들에게 이태석은 유일한 의사이며 유일한 친구였어.

병원이 자리 잡아가자 이태석 신부는 또 다른 꿈을 꾸었어. 빈터에 학교를 짓기로 한 거야. 칠판 하나 세워 놓고 공부하던 곳에 벽돌로 지붕부터 만들었어. 비가 와도 공부할 수 있게 말이야. 이번에도 마을 사람들이 힘을 모아 학교를 만들었고, 폭격으로 겨우 골격만 남았을 때도 부랴부랴 고쳐서 아이들이 학교를 잃지 않게 했어. 이태석 신부는 몸과 마음이 부서져도 미래를 꿈꿀 수 있는 곳이 학교라고 믿었고, 그 믿음은 틀리지 않았어. 아이들이 학교에 모여들었고, 밤에는 손전등을 켜 놓고 공부하며 미래를 꿈꿨어.

톤즈 마을 아이들은 아침이면 학교에 가고, 아프면 병원에 가는 평범하고 평화로운 일상을 선물 받았어. 하지만 수단은 여전히 전쟁 중이었고, 매일 내 가족이, 이웃이 죽

는 모습을 지켜봐야 했어. 집에 어른 남자가 없으면 아이들이 소년병으로 전쟁터에 나가야 했어.

아이들의 다친 몸뿐 아니라 마음도 어루만져 주고 싶던 이태석 신부는 음악을 선물해야겠다고 마음먹었어. 한국에서 기부받은 악기를 설명서만 보고 혼자 터득해 아이들에게 가르쳤어. 진료가 없는 시간엔 틈틈이 악보도 만들었어. 아이들은 즐겁게 악기를 배우고 곧 재능을 보이기 시작했어. 그러자 그는 아이들의 연주로 더 많은 사랑을 전하고 싶었어. 그래서 브라스밴드를 만들어야겠다고 또 꿈을 꾸었지. 먹을 것도 없는 곳에 밴드라니! 모두 불가능하다 했지만, 남수단 최초로 35인조 브라스밴드가 탄생했어.

밴드는 곧 유명해졌고, 행사가 있을 때마다 정식 밴드로 초대 받았어. 아이들은 자신의 모습이 자랑스러웠어. 총과 칼을 녹여서 악기를 만들면 좋겠다고 말했고, 신부님이 음악을 가르쳐 줘서 자신들도 사랑을 표현할 수 있게 되었다며 행복해했어. 맨 앞에서 지휘하는 이태석 신부와 영원히 곳곳을 누비며 연주할 거라고 생각했어.

하지만 톤즈 마을에서 길고도 짧은 8년을 보낸 이태석 신부는 마흔여덟에 병으로 생을 마감했어. 톤즈 마을 아이들은 한국에 갈 수 없어서 장례식에도 참석할 수 없었지. 단장을 잃었으니 브라스밴드도 연주를 멈출 수밖에 없었어. 그런데도 아이들은 신부님을 보낼 수 없었단다.

아이들은 미사가 있던 곳에 모여 신부님 사진을 들고 행진을 했어. 음악이 울려 퍼지자 마을 사람들이 브라스밴드 뒤를 따랐어. 전쟁 때문에 사람들이 모이는 것이 금지되었지만 군인들도 그들을 막지 못했어. 모두의 마음에 이태석 신부는 살아 있었어.

미래가 보장된 삶을 버리고 아프리카에 간 이태석 신부에게 사람들은 희생적이라고 하지만, 그는 자신이 희생한 것이 아니라고 했어. 베푼 것도 없다고 했어. 그저 친구가 되었을 뿐이라고 말이야. 그래서 그는 톤즈 마을 사람들에게 늘 물었대.

"나와 친구가 되어 줄래요?"

이태석 신부님은 어떤 일이 있어도 톤즈 아이들 곁을 지킬 거라고 했어.

친구는 그런 거라고. 신부님이 세상을 떠나고 톤즈 아이들이 연주하며 마을을 행진할 때,

같은 마음이었겠지. 그들은 친구였으니까.

엄마 아빠는 너에게 그런 친구가 되고 싶고, 너 또한 누군가에게 그런 친구가 되어 주었으면 해.

weeks

11

네가 있어 내 마음에 빛이 자라

엄마가 보는 걸 너도 보고 엄마가 듣는 걸 너도 듣는다 생각하니
좋은 것만 보고 좋은 것만 듣고 싶어.
그렇지만 더 중요한 것은 눈으로 보는 것이 아니라 마음으로 보는 것이겠지.
엄마 아빠는 어쩌면 지금껏 눈으로만 세상을 보았는지 몰라.
하지만 이제 너로 인해 마음으로 세상을 보게 되었어.
오늘은 엄마 아빠의 마음을 따뜻하게 적셔 준 동시를 읽어 줄게.
빛으로 그림을 그려 보렴!

호박꽃 초롱

강소천

호박꽃을 따서는 무얼 만드나?
무얼 만드나?
우리 아기 조그만 초롱 만들지,
초롱 만들지.

반딧불을 잡아선 무엇에 쓰나?
무엇에 쓰나?
우리 아기 초롱에 촛불 켜 주지,
촛불 켜 주지.

지금 당장 너를 위해 호박꽃을 따서 초롱을 만들어
줄 수는 없지만 너를 위해 마음의 빛을 밝힐게.
네가 엄마 아빠의 마음에 심어 준
그 작은 빛을 영영 꺼뜨리지 않을 거야.

weeks

12

너에게 이름을 줄게

오늘은 네 이름을 고민해 보았어. 여러 글자들이 머리에
떠올랐다 사라지기를 반복했지. 이름을 준다는 것은
나에게 너를 특별한 존재로 만드는 의식 같은 거라 생각해.
그래서일까, 이름을 고민하는 동안 어린왕자 이야기가 떠올랐어.
소행성 B612에 살던 어린왕자는 어느 날, 자신이 살던 별을 떠나기로 결심해.
수많은 행성을 돌아다니며 수많은 사람을 만나지.
일곱 번째로 오게 된 지구에서 여우를 만나게 되고 친구가 되어 달라고 청했어.
서로에게 특별한 존재가 되는 것에 대해 어린왕자와 여우가 나눈 대화를 들어 볼까?

어린왕자와
여우의 대화

“넌 누구니? 참 예쁘게 생겼구나!”

“난 여우야.”

“이리 와서 나랑 놀자. 난 많이 외로워.”

“난 너와 함께 놀 수 없어. 난 길들여지지 않았거든.”

“길들인다고? 그게 무슨 뜻이야?”

“넌 여기 사는 아이가 아니구나. 여기서 뭘 찾고 있니?”

“사람들을 찾고 있어. 그런데 길들인다는 게 무슨 뜻이야?”

“사람들은 총을 들고 사냥을 해. 무척 위험한 일이지. 그들은 병아리도 길러. 그것이 그들의 유일한 관심거리야. 너도 병아리를 찾고 있니?”

“아니, 난 친구를 찾고 있어. 그런데 도대체 길들인다는 게 뭐냐니까?”

“그건 ‘관계를 맺는다’는 뜻이야.”

"관계를 맺는다고?"

"그래, 넌 아직 내게 있어 수많은 다른 아이들과 다를 게 없는, 한낱 꼬마에 불과해. 그래서 난 네가 필요 없어. 너 역시 내가 필요 없을 거고. 난 수많은 다른 여우와 똑같은 한 마리 여우에 지나지 않으니까. 하지만 네가 나를 길들인다면 우리는 서로에게 필요한 존재가 될 수 있어. 그렇게 되면 나에게 있어 넌, 이 세상에 오직 하나밖에 없는 존재가 되는 거고, 너에게 있어 나도 이 세상에 단 하나뿐인 존재가 되는 거야."

“이제야 무슨 뜻인지 알겠어. 내겐 장미 한 송이가 있는데, 지금 생각해 보니 그 장미가 나를 길들였어.”

“넌 너의 장미를 위해 많은 시간을 쏟아 부었기 때문에 그 장미가 그토록 소중하게 느껴지는 거야.”

세상의 모든 관계는 저절로 이루어지지 않아.
부모와 자식도 마찬가지지.
서로를 길들이기 위해서는 여우의 말처럼 시간과 정성이 필요해.
여우가 ‘길들이는 것’에 대한 비밀 한 가지를 어린왕자에게 이야기해 주었는데,
‘길들인 것에 대해 영원히 책임을 져야 한다’는 거야.
여우가 어린왕자에게 알려 준 관계의 비밀, 엄마 아빠도 잊지 않을게.

아기는 뼈와 근육이 발달하기 시작하여 주먹을 쥐고 발로 차기도 합니다.
본격적으로 태동이 느껴지는 시기입니다.

•••

엄마에게 철분이 부족해도 아기의 성장에 방해가 될 수 있으므로
철분을 추가해서복용하세요.
이제 입덧이 완화되면서 평소보다 많이 먹을 수 있습니다.
과체중이 되지 않도록 주의하고 운동을 시작해 보세요.
하루 30분, 주당 4회 이상 약간 숨은 차지만
대화가 가능할 정도로 걷는 것이 좋습니다.
이제 배가 갑자기 불러오면서 뱃살이 틀 수 있습니다.
튼살 방지 크림을 바르면서 배 속 아기에게 태담을 건네는 시간을 가져 보세요.
임신 중기는 다운증후군, 에드워드증후군 등의 염색체 이상을
진단하기 위한 검사가 필요합니다.
20주에는 중기초음파로 아기의 기형 여부를 예측할 수 있습니다.

•••

아빠는 태담이나 음악을 자주 들려주세요. 아기가 바깥의 소리,
특히 아빠의 낮은 목소리에 마음을 안정시킬 수 있습니다.
몸이 무거워진 엄마의 골반이나 허리가 아플 수도 있으니
저녁에 마사지로 풀어 주는 시간을 가져 보세요.

13~14주	주먹을 쥘 수 있고 치아의 싹이 나타나기 시작합니다. 키 7.4cm / 몸무게 23g
15~18주	피부가 유리처럼 투명하고 아기의 머리 위에 솜털처럼 가는 머리카락이 나타납니다. 가끔 입으로 손을 빠는 모습을 보이기도 합니다. 키 13cm / 몸무게 140g
19~20주	이제 들을 수 있고, 삼킬 수도 있습니다. 키 16.4cm / 몸무게 약 300g

Chapter

2

우린 같은 꿈을 꾸고 있을까?

weeks

13

가만히 귀 기울여 봐

어쩌면 오늘 너는 먼 북소리처럼 엄마의 심장 소리를 들었을지 몰라.
이때쯤 너는 바깥세상 소리를 들을 수 있다던데, 가만히 귀 기울이며
무슨 소리일까 했겠지. 눈으로 쓱 보는 것만으로는 나무나 꽃을 이해할 수 없어.
가만히 귀 기울여 보아야만 있는 그대로의 나무를 볼 수 있고,
있는 그대로의 나무를 사랑할 수 있어. 마찬가지로 눈으로 흘깃 보는 것만으로는
어떤 사람도 이해할 수 없어. 이해할 수 없는데 사랑할 수 있을까?
잘 알려면 나무가 되고 풀이 되고 지금 마주하고 있는 그 사람이 되어야 해.
나를 알고 나를 사랑하는 것도 다르지 않아.
내 깊은 곳에서 흘러나오는 소리에 귀를 기울여야 하지.

부자 농부의 신부

옛날 옛날에 부자 농부가 있었어. 얼마나 부자였냐면 넓디넓은 땅에 으리으리한 저택에 가축들도 잔뜩 있었어. 세상에 부러울 것 없이 살았지. 그렇지만 그 모든 것을 함께할 아내가 없었으니 행복하지는 않았나 봐.

어느 날 부자 농부는 이웃 가난뱅이 농부의 딸을 보았어. 순간 '저 아가씨랑 결혼해야겠는걸, 하고 마음을 먹었지. 그래서 바로 아가씨를 불러 말했어.

"당신과 결혼하면 어떨까 생각해 보았소."

"저는 지금껏 한번도 당신과 결혼해야겠다는 생각은 한 적이 없어요. 날이 바뀌어도 시간이 흘러도 그럴 생각은 없을 것 같네요."

아가씨 말에 부자 농부는 화가 났지. 그래서 가난뱅이 농부를 불러, 딸을 주면 땅을 공짜로 빌려 주겠다고 했어. 가난뱅이 농부는 부자 농부에게 시간을 좀 달라고 하고 집으로 돌아왔어. 그러고는 딸을 설득했지. 그렇지만 딸은 꿈쩍도 하지 않았어.

“아버지에게 좋은 기회일지 몰라도 저에게 좋은 기회는 아니에요. 땅을 공짜로 빌려 준다고 좋아하지도 않는 사람과 결혼할 순 없어요.”

시간은 흘러만 가고 부자 농부는 안달이 났지. 그래서 가난뱅이 농부에게 결혼식을 준비하고 있고 손님들도 모두 초대해 놓았으니 그저 늦지 않게 딸을 결혼식에 보내라고만 했어.

드디어 결혼식 날이 되었어. 사람들이 하나둘 도착하는데 신부 그림자도 볼 수 없으니 부자 농부는 안절부절못했어. 화가 잔뜩 나서 하인을 불렀지.

“가난뱅이 농부에게 가서 이제 때가 되었으니 약속한 것을 당장 보내라고 전해라.”

하인은 한걸음에 가난뱅이 농부에게 달려가 숨을 헐떡이며 말했어.

“주인님이 약속한 것을 얼른 달라고 하시네요.”

가난뱅이 농부는 슬픔에 차 말했어.
“저쪽 풀밭에 있으니 데려가게.”
하인은 또 한걸음에 풀밭으로 달려가 건초더미 다발을 묶고 있는 가난뱅이 농부의 딸에게 숨을 헐떡이며 말했어.
“아가씨 아버지가 저희 주인님께 약속한 것을 데리고 가야 합니다.”
“아, 때가 되었군요? 저쪽에 늙은 말이 있는데, 저 암말을 데려가면 돼요.”
하인은 늙은 암말을 타고 농장으로 돌아와 주인에게 약속한 것을 잘 데려왔다고 말했어. 주인은 결혼식 예복을 차려입고 있었어.
“그렇다면 어서 결혼식에 맞게 단장해 주어라. 나도 아름다운 신부를 위해 단장을 해야겠으니 방해하지 말라.”
하인은 주인이 제정신이 아니란 생각을 했지만 그저 분부대로 했어. 다른 하인들과 함께 준비된 면사포와 드레스로 신부를 단장해 주었어. 그러고는 주인에게 가서 말했지.
“주인님, 어찌나 힘이 드는지 죽는 줄만 알았습니다.”
주인은 허허 웃으며 말했어.
“워낙 버릇없는 아가씨라 내가 가면 더 기고만장할 것이니 네가 식장으로 데려 오너라.”
식장에는 주례를 맡은 목사와 손님들이 아까부터 기다리고 있었어. 드디어 식장 문이 열렸어. 부자 농부뿐 아니라 식장에 있던 사람들의 입이 떡하고 벌어졌지. 면사포를 둘러쓰고 드레스를 차려입은 늙은 말이 신부라고 입장했으니 다들 얼마나 놀랐겠어.

그러고는 모두 식장이 떠나가라 웃음을 터뜨렸어. 목사는 얼굴이 하얗게 질려 아무 말도 못하고, 부자 농부는 화도 나고 창피해서 얼굴이 붉으락푸르락했고, 신부는 태평스레 꽃다발을 뜯어 먹었지.

부자 농부는 왜 늙은 암말을 신부로 맞아야 했을까?
아가씨 마음을 헤아려 보지도 않았으니 그렇게 되지 않았을까?
분명 아가씨가 싫다고 했는데도 부자를 싫어할 아가씨는 세상 어디에도 없다고
멋대로 판단한 거야. 아가씨의 마음에 귀를 기울였다면
어쩌면 아가씨 마음을 얻었을지 모르는데 말이야.
엄마 아빠는 네 깊은 곳에서 흘러나오는 소리를 들어 보려고
오늘도 가만히 귀 기울여 본단다.

weeks

14

오늘은 우리,
뭘 먹을까?

엄마가 너를 가지기 전에는 피자랑 아이스크림을 무척 좋아했어.
때론 너무 자주 먹어 아빠가 걱정하기도 했어.
그런데 요즘 엄마는 뭘 하나 먹으려고 해도 고민이 이만저만이 아니야.
엄마 혼자 먹는 것이 아니라 너랑 함께 먹는 거라
맛도 좋고 몸에도 좋은 걸 먹었으면 하거든. 흙과 바람과 볕과 비가 길러낸
음식을 먹고 엄마도 너도 건강하고 행복해지면 좋겠어.
하루가 멀다 하고 먹던 과자랑 빵도 그만 먹어야 할까?
너를 생각하면 그쯤 어렵지 않지!

밀과 보리가 자라네

밀과 보리가 자라네
밀과 보리가 자라네
밀과 보리가 자라는 것은
누구든지 알지요.

농부가 씨를 뿌려
흙으로 덮은 후에
발로 밟고 손뼉 치고
사방을 둘러보네.

친구를 기다려
친구를 기다려
한 사람만 나오세요
나와 같이 춤추세.

랄라랄라 랄라라
랄라랄라 랄라라
랄라랄라 랄라랄라
랄라랄라 랄라라

옛날 옛날에 농부들은 들짐승과 나눠 먹을 것까지 생각해
넉넉히 씨를 뿌려 놓았어. 작은 씨앗이 온 우주를 품고 있다지.
두더지도, 사람도 모두 같이 먹고 잘 살라고 말이야. 넉넉한 농부의 마음으로 자란
밀과 보리를, 오늘은 엄마랑 아빠랑 너랑 셋이 함께 먹을 수 있으면 좋겠네!

weeks

15

모든 것이
그저 감사할 뿐이야

엄마는 요즘 '~하지 마라'는 말을 자주 들어.

"모서리에 앉지 마라." "커피 마시지 마라." "뛰지 마라."

너를 위해 좋은 생각만 하고, 예쁜 것만 보고, 몸에 나쁜 것들은 전부 하면 안 돼.

사실 아직 몸에 배지 않은 습관들이라서 좀 불편하기도 해.

그래도 너를 생각하며 스스로 정한 규칙들을 되도록 지키려 하지.

온종일 조심조심하다 보니 하루를 다 보내고 나면 절로 안도의 한숨이 나와.

그렇지만 너를 곧 안아 볼 수 있다는 희망이 있어 감사해.

그래서 오늘은 희망이 기적을 불러온 이야기를 해줄게.

첨벙첨벙! 어디서 들리는 소리지?

우유통에 빠진 개구리

온종일 헤엄치고 놀던 개구리 두 마리는 해가 질 무렵이 되자 배가 고파졌어. 그래서 마을로 가서 먹을 것을 찾아 배를 채우기로 했지.

개구리 두 마리는 농부의 집에 숨어 들어 바로 곳간으로 향했어. 곳간에는 갓 짜낸 우유 두 통이 놓여 있었어. 신이 난 개구리 두 마리는 우유통으로 퐁당 뛰어들었지.

"이렇게 맛있는 우유를 실컷 먹을 수 있다니!"

"오늘은 행운의 날인가 봐!"

개구리 두 마리는 후르르 쩝쩝 맛있게 우유를 먹었어. 허겁지겁 먹다 보니 금세 배가 불렀어.

마침 해가 뉘엿뉘엿 지고 있었어. 개구리 두 마리도 이제 그만 우유통을 빠져나가려 했지. 그런데 아무리 헤엄을 쳐도 높이 올라갈 수가 없었어. 안으로 뛰어들 때는 몰랐지만 밖으로 나가려고 보니 우유통이 꽤 깊었거든.

헤엄을 치다 힘이 빠진 개구리 한 마리는 그만 우유통에서 나가길 포기하고 말았어.

"이제 우린 끝이야. 아무리 헤엄을 쳐도 소용없잖아."

절망에 빠진 개구리는 움직임을 멈추자마자 깊은 우유 속으로 빠져 버렸어. 하지만 다른 개구리는 희망을 버리지 않았어. 통 밖으로 나가기 위해 열심히 헤엄치며 버둥거렸지.

어느덧 햇살이 곳간으로 스며들었어. 개구리는 밤새 헤엄을 쳤지만 여전히 우유통

안이었어. 이제는 다리를 움직일 힘조차 없었지. 그래도 최선을 다했으니 후회는 없었어.

그때, 기적이 일어났어!

우유가 서서히 굳기 시작했어. 개구리가 밤새 휘저은 바람에 우유가 단단한 버터로 변해 버린 거야. 버터 위에 앉을 수 있게 된 개구리는 남은 힘을 모아 펄쩍 뛰어올랐어.

개구리는 닿을 수 없을 것처럼 높게만 여겨지던 우유통 밖으로 무사히 빠져나올 수 있었단다.

개구리 두 마리는 똑같이 힘든 상황에 처했어.
그런데 둘 사이에 다른 것이 하나 있었지? 긍정적인 마음 말이야.
불가능해 보이는 일 앞에서 '마음만으로 무얼 할 수 있을까?'라는 생각이 들 수 있어.
그렇지만 마음은 몸을 움직이게 하잖아.
희망을 품고 밤새도록 헤엄친 개구리처럼 말이야.
희망은 그렇게 기적을 불러오기도 해.

weeks

16

엄마 배꼽이 간지러워

엄마는 빨래를 널다 말고 웃고, 슬픈 영화를 보고도 웃어.
간질간질, 배꼽이 간지러워서. 네가 눈치도 없이 아무 때나 엄마 배꼽을 간질이잖아.
뽀글뽀글 물방울이 올라오듯 배 아래에서부터 처음 태동을 느꼈을 때
얼마나 놀랍던지! 네가 나를 찾아온 다음부터 어떤 날도 잊을 수 없지만
그날은 조금 더 특별하게 기억될 거야. 웃고 나면 마음이 말갛게 개어 몸도 가뿐해져.
그래서 엄마는 이런 기분을 느끼게 해주는 너에게 감사해.
이번에는 엄마가 너를 웃겨 볼까?

박박 바가지

옛날 옛날에 할아버지랑 할머니랑 살았어. 그런데 어느 날 밤, 도둑이 든 거야. 도둑이 살금살금 마루로 올랐는데, 마룻장이 낡아 삐그덕 삐그덕 소리가 나네. 할머니가 그 소리에 깨서 옆에서 자고 있던 할아버지를 깨웠어.

"영감, 밖에서 뭔 소리가 나는 걸 보니 아무래도 도둑이 들었나 보우."

마루에 있던 도둑이 할머니 말에 가슴이 철렁 내려앉았어. 도둑이 납작 엎드려 죽은 듯이 있으려니까 할아버지 하는 말이 마루 밑에 있는 쥐들 소리래. 도둑은 할아버지할머니가 어서 마음을 놓으라고 "찍찍, 찍찍." 하고 쥐 소리를 냈어.

그 소리에 할아버지가 "쥐 소리 맞네."라고 했더니 할머니는 "쥐 소리가 저리 크던가."라며 미심쩍어했어. 그랬더니 할아버지가 "그럼, 고양이 소리네."라는 거야. 도둑은 또 다시 "야옹, 야옹." 하고 고양이 소리를 냈어.

"고양이 맞네."라며 할아버지는 잘도 속아 주는데, 할머니는 "고양이 소리가 저리

굵던가."라며 미심쩍어했어. 그랬더니 할아버지가 "그럼 개 짖는 소리네."라는 거야.

도둑은 어서 빨리 할아버지 할머니가 마음 푹 놓고 자라고 "멍멍, 멍멍." 하고 개 짖는 소리를 냈어. 할아버지는 "개 짖는 소리 맞네." 하는데 할머니는 여전히 고개를 갸웃거렸지. 그랬더니 할아버지는 "그렇다면 외양간 소가 우나 보지."라는 거야.

도둑은 얼른 "음매, 음매." 하고 소 울음소리를 내었어. 할머니가 소랑 다르다고 말하자 할아버지는 얼른 자야겠다는 생각에 아무렇게나 둘러대었어. 코끼리 소리라고 말이야. '코끼리 소리가 뭐였더라?' 도둑은 등에 식은땀이 줄줄 흘렀어. 그래도 살아야 하니까 "코코, 끼리끼리, 코코, 끼리끼리." 하고 소리를 내었어.

그 소리에 방에서 난리가 났어.

“거 보우. 코리끼 소리 맞지.”

할아버지가 이제 마음놓고 돌아누우려 하자 할머니가 펄쩍 뛰었어.

“아니, 영감. 우리 마을에 무슨 코끼리가 산단 말이우. 밖에 누가 온 게 틀림없으니 나가 보우.”

그러자 어쩔 수 없이 할아버지가 부스럭부스럭 일어나서 밖으로 나갔어.

놀란 도둑이 도망가기를 하필 부엌으로 들어갔지 뭐야. 부엌에 어디 숨을 데가 있나. 급한 김에 구석에 보이는 물독에 쏙 들어갔지. 얼굴까지 집어넣으면 켁켁 숨이 막혀 죽을 테니 물독에 동동 떠 있던 바가지를 뒤집어쓰고.

할아버지가 부엌까지 와서 보았더니, 물독에 바가지만 달랑 나와 있잖아. 그래서 툭툭 두드려 보았지. “바가지인 것도 같고 아닌 것도 같고.”라며 혼잣말을 했어. 그랬더니 도둑이 얼른, “박박, 바각바각, 박박, 바각바각.” 하는 거야.

그 소리에 할아버지가 틀림없는 바가지라며 도로 들어갔어.

도둑은 어떻게 되었냐고? 도둑질이고 뭐고 얼른 줄행랑이나 쳤지 뭐.

웃으면 복이 온다고 하는데, 웃고 나면 단순해지고 소박해지지.

웃다 보면 걱정이나 욕심을 다 내려놓게 되나 봐. 너와 함께하는 날들,

엄마는 근심도 욕심도 없지만 그래도 우리 그냥 웃어 보자. 몸이 가뿐해지도록, 살살.

weeks

17

고요히,
네 숨결을 느껴

아가야, 오늘 하루도 잘 지냈니?

엄마는 지금 네가 무얼 하고 있을지 문득문득 궁금해져.

풍부해진 양수를 쩝쩝 마시고 있을까? 배가 불러 쉬를 하고 있을까?

졸려서 하품하고 있을까? 잠에서 깨 기지개를 켜고 있을까?

이맘때 너는 활동이 활발해진다고 하니, 엄마의 상상도 점점 풍부해지네.

엄마는 이따금 말을 멈추고 고요히 네 숨결을 느껴 봐.

그렇게 가만가만 네 숨결을 느껴 보다가

엄마의 몸을 감싸는 따뜻한 바람을 느끼고 가만히 눈을 감곤 하지.

해풍과 아미나타

해풍은 언제나 섬과 바다를 이리저리 떠돌았어.

겁 많은 사슴 떼를 물가로 몰아 주기도 하고, 꽃에 생기를 불어넣기도 하고, 새들에게 희망을 속삭이며 계절이 바뀌고 있음을 알려 주기도 했어.

해풍은 온종일 돌아다니다 저녁 무렵이면 붉은 노을처럼 하늘 아래로 내려앉았어. 구름 밑을 낮게 날아다니다 조용한 숲에 들어가 잠시 쉬어 가곤 했어.

숲은 해풍의 비밀을 알고 있었어. 밤이 되면 해풍은 누구에게도 방해받지 않고 깊은 잠을 자려고 모습을 바꾼다는 것을 말이야. 초록 날개 앵무새도 해풍이었고, 달빛을 받아 은빛으로 반짝이는 도마뱀도 해풍이었어. 가끔은 마을 근처에서 사람의 모습으로 쉬어 가기도 했어.

어느 날, 아미나타라는 아가씨가 물을 길러 나왔다가 나무 밑에서 자는 해풍을 보고 걸음을 멈추었어. 청년의 모습으로 변해 곤히 잠든 해풍을 먼 나라에서 온 여행자라 생각했어.

아미나타는 조금 더 가까이 다가가 잠든 청년을 보았어. 이마에는 흙먼지가 앉아 있고, 몸에는 잔가지 모양의 생채기가 여기저기 나 있었어. 아미나타는 부드러운 손길로 상처를 어루만진 뒤 조심스럽게 씻어 주었어. 별빛 아래서 잠든 여행자를 치료해 주는 동안 밤이 깊어 가는 줄도 몰랐지.

다음날 아침 해가 솟아오르자 모든 동물이 잠에서 깨어나 분주하게 아침을 맞았어. 드넓은 평원도 깊은 숨을 내쉬며 함께 깨어났어.

해풍도 잠에서 빠져나와 눈을 떴어. 그러자 사랑이 가득한 눈으로 자신을 바라보는 아가씨가 보였어. 분명 처음 보는 아가씨인데 낯설지가 않았어.

"당신 이름이 뭔가요?"

"아미나타예요."

해풍은 아미나타의 이름을 불러보았어. 아미나타는 자신의 이름을 부르는 그의 목소리가 다정하게 느껴졌어. 짧은 순간이지만 두 사람은 사랑에 빠졌어. 아무 말도 하지 않은 채 서로의 존재를 느꼈어. 해풍은 조심스럽게 말을 꺼냈어.

"아미나타, 세상 곳곳을 돌아다니면서 나는 늘 꿈을 꾸었어요. 당신과 똑같이 생긴 아가씨를 만나는 꿈이었지요. 하지만 나는 늘 당신과 함께 있을 수는 없어요. 사람들이 나를 부르면 도와줘야 해요."

때마침 해풍을 부르는 늙은 어부의 목소리가 들렸어. 그러자 해풍은 나비처럼 가벼운 몸짓으로 일어나더니 아미나타의 깊은 갈색 눈을 들여다보았어.

"이제 나는 어부를 바다로 데려다줘야 할 것 같아요. 해가 지면 이 나무 아래로 다시 돌아올 거예요."

아미나타는 온종일 해풍을 그리워하며 해가 저물기를 기다렸어. 그 시간이 마치 영원처럼 느껴졌지. 이윽고 어둠이 밤을 몰아오자 해풍은 마을로 돌아왔어.

아미나타는 해풍을 집으로 데려가 가족들에게 소개했어. 해풍은 그녀의 가족들과 저녁을 먹으며, 다른 세상 이야기를 들려주었어. 그의 모험담을 듣기 위해 마을 사람들이 하나둘 모여들었어. 아미나타와 해풍은 사람들 앞에서 사랑을 맹세했어.

바람처럼 세월이 흘러, 해풍과 아미나타 사이에 자식이 둘 태어났어. 첫째 아들의 이름은 '산들바람'이었고, 둘째 딸의 이름은 '꽃바람'이었어.

두 아이는 밝게 자랐어. 산들바람은 늙은 어부의 배를 바다로 데려다주었고, 꽃바람은 들판을 돌아다니며 꽃들을 위해 노래를 불러 주었어. 아미나타의 정원은 언제나 꽃바람이 가져다준 아름다운 꽃으로 가득 찼어.

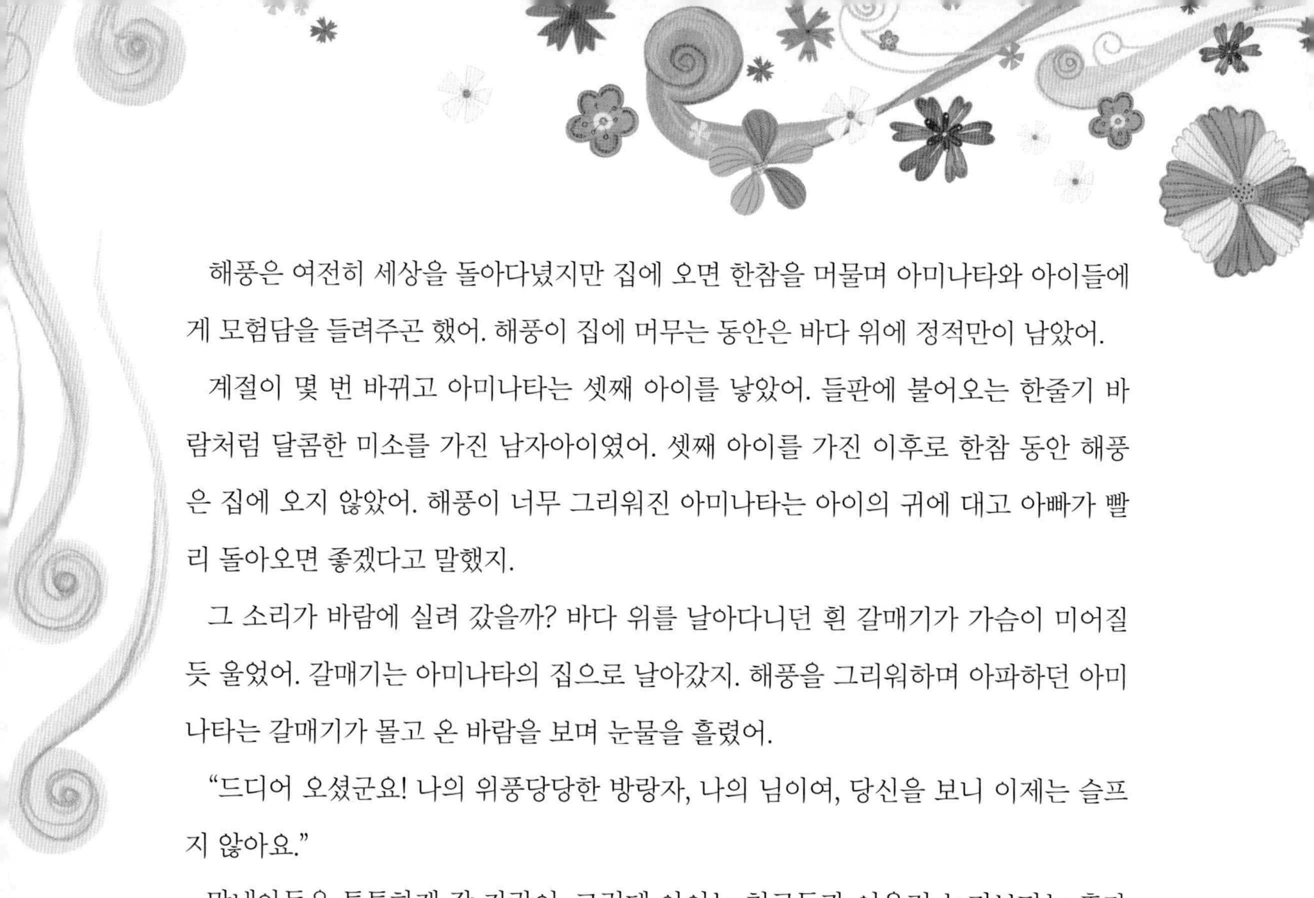

해풍은 여전히 세상을 돌아다녔지만 집에 오면 한참을 머물며 아미나타와 아이들에게 모험담을 들려주곤 했어. 해풍이 집에 머무는 동안은 바다 위에 정적만이 남았어.

계절이 몇 번 바뀌고 아미나타는 셋째 아이를 낳았어. 들판에 불어오는 한줄기 바람처럼 달콤한 미소를 가진 남자아이였어. 셋째 아이를 가진 이후로 한참 동안 해풍은 집에 오지 않았어. 해풍이 너무 그리워진 아미나타는 아이의 귀에 대고 아빠가 빨리 돌아오면 좋겠다고 말했지.

그 소리가 바람에 실려 갔을까? 바다 위를 날아다니던 흰 갈매기가 가슴이 미어질 듯 울었어. 갈매기는 아미나타의 집으로 날아갔지. 해풍을 그리워하며 아파하던 아미나타는 갈매기가 몰고 온 바람을 보며 눈물을 흘렸어.

"드디어 오셨군요! 나의 위풍당당한 방랑자, 나의 님이여, 당신을 보니 이제는 슬프지 않아요."

막내아들은 튼튼하게 잘 자랐어. 그런데 아이는 친구들과 어울려 놀기보다는 혼자 있기를 좋아하고, 둥지에서 떨어진 작은 새를 보살피는 걸 좋아했어. 마을 사람들은 그 아이를 '자비의 숨결'이라고 불렀어.

세 아이가 자라 어른이 되자 해풍은 그들에게 각기 다른 일을 맡겼어.

첫째 아들 산들바람에게는 바다와 파도와 강과 늪지를 돌보게 했어. 산들바람은 힘들게 노를 저어 가는 어부들을 부드럽게 이끌어 주었지. 둘째 딸 꽃바람에게는 숲과 들을 여행하며 가는 곳마다 계절에 맞는 바람을 선사하게 했어. 그녀는 해풍의 말대로, 봄에는 따뜻한 봄바람으로 생명을 움트게 하고 가을에는 선선한 가을바람으로 곡식을 자라게 했어.

막내아들 자비의 숨결에게는 가장 멋진 일을 맡겼어. 세상의 모든 슬픈 사람들을 위로하라는 것이었지. 그는 아버지의 말대로, 세상을 떠돌며 슬픔에 빠진 사람들에게 바람의 노래를 불러 주었어.

해풍과 아미나타와 세 아이는 모두 멀리 떨어져 있었지만 언제나 서로의 숨결을 느낄 수 있었단다.

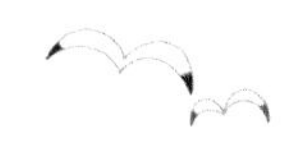

서로 마음을 나누며 살아가기 위해서는 대화가 중요해.

그렇지만 때로는 아무 말 없이 서로를 느끼는 것이 더 중요할 때가 있어.

슬픔에 빠져 있다가도 불어오는 바람 한줄기에

마음이 한결 가벼워지는 것처럼 말이야.

weeks

18

우린 같은 꿈을 꾸고 있을까?

엄마는 요즘 가족들과 친구들에게 태몽을 대신 꾸었다는 이야기를 들어.
그럴 때마다 귀를 쫑긋하게 되지. 태몽은 여러 사람이 여러 번 꿀 수도 있거든.
그렇지만 엄마는 네 태몽을 가장 많이 꾸는 사람이 엄마였으면 좋겠어.
그래서 밤마다 너를 만날 기대를 품고 잠들지.
태몽은 태어날 아이의 미래를 예지하는 꿈이라고 하던데,
엄마의 예지력을 한번 믿어 볼래? 오늘은 엄마가 꿈의 신비함에 대해 이야기해 줄게.
오랜 옛날 인디언 마을에서 벌어진 이야기야.

꿈에서 얻은 생명의 약

평화롭게 살던 인디언 마을에 몹쓸 병이 돌아 사람들이 시름시름 앓았어. 어떠한 약초도 듣지 않아서 마을 사람들은 노심초사했지.

그러던 어느 날, 마을의 늙은 여인이 꿈을 꾸었어. 꿈속에서 그녀는 병을 고치는 풀뿌리를 찾아내어 마을을 구할 수 있게 되었지. 보통 때 꾸는 꿈과는 사뭇 느낌이 달랐어. 잠에서 깨었을 때도 아직 꿈을 꾸고 있는 것처럼 생생했지. 늙은 여인은 자신의 꿈을 믿고 따르기로 했어.

눈에 보이지 않는 세계를 존중하는 인디언들은 꿈을 위대한 자연의 섭리 가운데 하나라고 여겼어. 그들은 성인이 될 때를 비롯해 인생에서 힘든 시기를 맞을 때마다 자연 속으로 들어가 몇날 며칠 홀로 시간을 보내지. 그러면서 자연과 교감하고 심오한 통찰을 얻어 현실의 어려움을 극복했어. 통찰은 보통 암시적인 꿈을 통해 나타나는데, 이게 바로 '비전 퀘스트'란다.

늙은 여인은 비전 퀘스트를 하려고 마음이 이끄는 장소를 찾아 나섰어. 주변의 풍경을 살피며 새들의 지저귐을 들으며 길을 걸었어. 그러다 저절로 발길이 멎는 숲을 만났어.

늙은 여인은 숲으로 들어갔어. 나무들이 동그랗게 자신을 에워싸는 느낌이 들었어. 그곳에 있던 독을 품은 뱀들이 슬슬 자리를 피해 주었어. 간절함을 지닌 한 사람을 위해 자연이 모든 것을 내준 거야.

늙은 여인은 쉬지 않고 기도했어. 사흘 밤낮이 지나고, 굶주림과 목마름에 정신이 아득해진 여인은 남은 힘을 다해 마지막 기도를 올렸어.

"제게 지혜와 힘을 내려 주소서."

그러자 노을이 붉게 물든 하늘에서 정령이 나타나 늙은 여인의 눈앞에 있는 보잘것 없는 풀을 가리켰어. 그녀가 풀을 꺾자 초록색 즙이 나왔어. 즙을 마시니 곧바로 기운이 솟았어. 늙은 여인은 풀을 정성껏 뽑아서 마을로 돌아왔어.

마을 사람들은 북을 치며 그녀를 반겼어.

늙은 여인은 생명의 풀을 마을 사람들에게 나눠 주었어. 이내 몹쓸 병은 마을에서 물러갔고, 모두 늙은 여인에게 고마워했어. 그녀가 발견한 생명의 풀은 아메리카 대륙의 모든 인디언들에게 퍼져 나갔고, 모두 씻은 듯이 병이 나았단다.

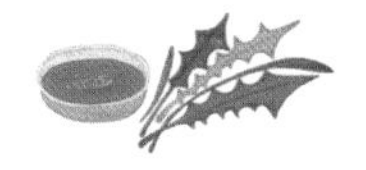

꿈을 통해 미래를 알 수 있다니! 마치 공상과학 영화에 나오는 이야기 같지?

살다 보면 때때로 머리로 이해하기 힘든 일들이 벌어지기도 해.

꿈처럼 신기한 사건들이 벌어지기도 하지.

네가 나를 찾아와 우리가 매일 밤 같은 꿈을 꾸고 있는, 이 마법과 같은 시간처럼 말이야!

weeks

19

오늘도 으랏차차!

봉선화 씨앗을 뿌려 놓고 흙으로 덮고 나서 걱정으로 발 동동하던 때가 있었어.

저 작은 씨앗에 흙을 뚫고 세상으로 나올 힘이 있을까 하고 말이야.

그런데 어느 날, 흙이 들썩이는 것을 보았어.

그 작은 씨앗이 품고 있는 생명의 힘을 느낄 수 있었지.

네 발길질에 오늘은 엄마 배가 들썩들썩.

네 발길질에 으랏차차 힘이 솟아! 엄마는 오늘 무라도 뽑겠는걸!

커다란 순무

봄이 되자 할아버지는 텃밭에 순무 씨앗을 뿌려 놓았어.

"순무야, 순무야, 무럭무럭 자라렴. 할멈이랑 나눠 먹고, 손녀랑 나눠 먹게 무럭무럭 자라렴."

할아버지 주문대로 순무는 하루가 다르게 무럭무럭 자랐어. 어느새 할아버지 무릎만큼 자라 있었어. 텃밭에 물을 주며 할아버지는 흐뭇했어.

"순무야, 순무야, 무럭무럭 자라렴. 할멈이랑 나눠 먹고, 손녀랑 나눠 먹게 무럭무럭 자라렴."

순무는 날마다 쑥쑥, 자라고 또 자랐어. 얼마만큼 자랐나 보니 할아버지 허리만큼 자랐어.

"에구머니나, 이 순무를 어찌 뽑나?"

할아버지는 이제 순무를 뽑을 일이 걱정이었어. 아무리 뽑으려 해도 뽑히지가 않아

할아버지는 할머니를 불렀어.

"뽑자, 뽑자, 순무를 뽑자."

할머니는 뒤에서 할아버지를 잡고 박자에 맞추어 힘껏 뽑았지. 그래도 순무는 꿈쩍도 하지 않았어. 할아버지와 할머니는 손녀를 불렀어.

"뽑자, 뽑자, 순무를 뽑자."

손녀는 뒤에서 할머니를 잡고 박자에 맞추어 힘껏 뽑았지. 그래도 순무는 꿈쩍도 하지 않았어. 할아버지와 할머니와 손녀는 개를 불렀어.

"뽑자, 뽑자, 순무를 뽑자."

개는 뒤에서 손녀를 잡고 박자에 맞추어 힘껏 뽑았지. 그래도 순무는 꿈쩍도 하지 않았어. 할아버지와 할머니와 손녀와 개는 고양이를 불렀어.

"뽑자, 뽑자, 순무를 뽑자."

할머니는 할아버지를 잡고 손녀는 할머니를 잡고 개는 손녀를 잡고 고양이는 개를 잡고 박자에 맞추어 힘을 주었어. 그래도 순무는 꿈쩍도 하지 않았어. 옆에서 구경났네, 하고 보고 있던 생쥐가 뒤에서 고양이를 잡고 힘껏 당겼더니 순무가 쑥 뽑혔어.

그 바람에 할아버지는 할머니 위에, 할머니는 손녀 위에, 손녀는 개 위에, 개는 고양이 위에 벌러덩, 줄줄이 넘어졌지 뭐야. 생쥐 녀석만 재빠르게 몸을 피했지.

생쥐는 자기 덕분에 순무를 뽑았다며 으스대었어. 그래도 할아버지는 모두 함께 힘을 합친 덕이라며 순무 수프를 만들어 골고루 나눠 주었지. 덕분에 모두 맛있게 순무 수프를 먹을 수 있었어. 워낙 큰 순무였으니까.

할아버지가 텃밭에 순무 씨를 뿌려 놓고는 걱정이 되었나 봐.

그러니 무럭무럭 자라렴, 날마다 주문을 외운 것 아니겠어?

그러곤 날마다 감탄했겠지, 순무의 생명력에. 으랏차차 힘도 솟았겠지.

그래도 워낙 큰 순무라 할아버지 혼자 힘으로는 뽑을 수 없었을 거야.

다 함께 힘을 더했는데 생쥐 녀석이 다 자기 덕분이라고 젠체하네.

우리 아기는 할아버지처럼, 여러 사람의 힘을 믿는 선한 사람이었으면 좋겠어.

weeks

20

꼬물꼬물 움직이는 너에게

지금 너는 뭘 하고 있는지, 엄마는 알지, 다 알지. 지금 너는 뭘 하고 있는지,

울뚝불뚝 엄마 배를 보고 아빠도 다 아네?

이제 너는 손발이 자유로워 잠시도 가만 안 있고 꼬물꼬물 움직이네.

엄마 아빠가 우리 아기가 배 속에서 뭘 하는지 알 수 있는 것처럼

너도 다 알고 있을까, 엄마가 지금 뭘 하고 있는지.

엄마는 하루하루 배가 불러오니 허리 아프다고 쉬고 있을 때가 많은데,

눈치 챘으면 어떡하나.

봄

윤동주

우리 아기는
아래 발치에서 코올코올,

고양이는
부뚜막에서 가릉가릉,

아기 바람이
나뭇가지에 소올소올,

아저씨 해님이
하늘 한가운데서 째앵째앵.

너는 엄마 배 속에서 꼬물꼬물,
엄마는 볕 좋은 창가에서 꾸벅꾸벅.

아기는 1kg 정도까지 자라서 움직임이 매우 활발한 시기입니다.

•••

엄마는 체중이 갑자기 늘어나면서 숨쉬기가 힘들 수 있어요.
체중 증가는 1개월에 2kg 미만이 적당하니
요가나 수영 같은 운동을 꾸준하게 해보세요.
엽산이 포함된 멀티비타민과 철분제도 꾸준히 복용하세요.
이 시기 산전검사로는 혈당검사가 있습니다.
임신 중 혈당 관리는 매우 중요하므로 꼭 검사 받아야 해요.

•••

아빠는 엄마와 아기를 위해서 너무 멀지 않은 곳으로 여행을 준비해 보면 어떨까요.
여행은 엄마가 임신의 피로와 주변 환경으로부터의 힘든 상황을
이겨내는 데 매우 좋은 기회가 됩니다. 또한 엄마의 자존감을 높여 주어
출산 후 아기를 키우는 데도 도움을 줍니다.

21~22주	아기의 솜털이 전신을 덮게 되고 눈썹과 손톱이 생기는 시기입니다. 태변이 아기의 장에서 만들어지기 시작합니다. 키 26.7 cm / 몸무게 360g
23~25주	아기가 지방을 비축할 수 있게 되어 살이 오르기 시작하며, 뼈에서는 적혈구 같은 혈액세포를 만들기 시작합니다. 키 31.5cm / 몸무게 700g
26~28주	아기가 큰 소리에 깜짝 놀라기도 하고, 눈썹이 더욱 짙어지고 지문도 나타납니다. 키 38cm / 몸무게 1kg

Chapter

3

뭐든 마음먹으면 돼

weeks

21

인생은 춤추는 거야

엄마는 이제, 배를 만져 보고 네가 어디에 있는지 알 수 있어.

머리카락이 보일라, 꼭꼭 숨어도 알 수 있지.

그런데 오늘 네 몸짓에서 리듬이 느껴져. 춤이라도 추고 있을까?

공중곡예라도 하고 있을까? 엄마도 리듬을 타고 날마다 춤을 추고 있어.

반복되는 일상에 리듬을 부여하며 기쁨으로 차차차, 열정으로 차차차.

걱정일랑 두려움일랑 떨쳐 버리고 오늘 우리 함께 신나게 춤춰 볼까?

이상한 나라의 앨리스

"맙소사! 이를 어째, 너무 늦겠는걸!"

따분하게 하품하던 앨리스는 혼잣말하는 토끼를 보고 벌떡 일어났어. 그리고 토끼를 좇아 굴속으로 뛰어들었지. 호기심으로 불타올라 앞뒤 생각도 없이 말이야. 그렇게 앨리스의 모험은 시작되었어.

앨리스는 몸이 줄었다 늘었다 하며 이상한 나라에서 별별 이상한 일을 겪었어. 어느 날 이상한 나라에서 앨리스는, 햇볕을 쬐며 자고 있는 그리핀을 만났어. 머리와 날개는 독수리의 모습을 하고, 몸통은 사자인 괴상한 동물이었지. 앨리스는 가짜 거북을 만나려고 그리핀을 따라 갔어. 멀지 않은 곳에 가짜 거북이 홀로 쓸쓸히 앉아 가슴이 미어질 듯 울고 있었어.

앨리스는 그리핀에게 물었어.

"왜 저렇게 슬퍼하는 거야?"

“너도 알겠지만 모두 가짜 거북의 상상일 뿐이야. 슬픈 일은 아무것도 없어.”

가짜 거북은 긴긴 침묵 후에 옛날에는 진짜 거북이었다며 긴긴 이야기를 꺼내 놓았어. 온종일이 지나도 이야기는 끝나지 않을 것처럼 보였지. 그래서 그리핀이 바닷속 학교의 수업 이야기는 이제 그만하라고 핀잔을 줬어. 정말 길고도 이상한 이야기였거든.

가짜 거북은 눈물을 줄줄 흘리며 다른 이야기를 했어.

"바닷속에서 살아 본 적 없지? 그러면 바닷가재와 인사를 나눈 적도 없겠네? 그러니 바닷가재 춤이 얼마나 재미있는지 알 턱이 없지!"

"응, 난 바닷가재 춤 같은 건 본 적 없어. 그런데 어떤 춤이야? 분명 멋진 춤이었을 거야."

"보고 싶니?"

"응, 정말 보고 싶어."

가짜 거북과 그리핀은 앨리스의 주위를 빙글빙글 돌며 춤을 추었어. 둘은 이따금 앨리스 가까이로 다가와 앨리스의 발가락을 꾹 밟기도 했어. 박자를 맞추려고 앞발을 흔들며, 가짜 거북은 느리게 노래 불렀지.

민어가 달팽이에게 말했어.

"조금 더 빨리 걸어 줄래?

우리 뒤에 돌고래가 있는데, 내 꼬리를 밟고 있어.

바닷가재와 거북 들이 얼마나 열심히 앞으로 나아가는지 봐.

다들 조약돌이 깔린 해변에서 기다리고 있잖아.

우리 함께 춤출래?

출래, 말래, 출래, 말래, 함께 춤출래?

출래, 말래, 출래, 말래, 함께 춤출래?

얼마나 재미있는지 넌 모를걸?

그들이 우리를 들어 올려 바다로 던져 주면!"

하지만 달팽이는 대답했지.

"너무 멀어, 너무 멀어!"

그러고는 눈을 흘겼어.

달팽이는 민어와 함께 길을 나섰지만 함께 춤을 추지는 못했네.

"출래, 말래, 출래, 말래, 함께 춤출래?

출래, 말래, 출래, 말래, 함께 춤출래?"

"도대체 얼마나 가야 하는 거야?"

겁을 먹은 친구, 달팽이가 물었어.

"얼마나 멀리 가든 무슨 상관이야."

비늘 있는 친구, 민어가 대답했지.

"건너편에 또 해안이 있어. 영국에서 멀어질수록 프랑스에는 가까워지지.

그러니까 겁먹지 말라고, 달팽이 친구야, 우리 함께 춤출래?

출래, 말래, 출래, 말래, 함께 춤출래?

출래, 말래, 출래, 말래, 함께 춤출래?"

출래, 말래, 출래, 말래, 엄마, 나랑 함께 춤출래요?

이상한 나라의 앨리스처럼 너는, 엄마 배 속에서 바닷가재의 춤을 출지도 모르겠네.

앨리스랑 가짜 거북이랑 그리핀이 바닷가재 춤을 추었던 것처럼

너랑 엄마랑 아빠랑 셋이 춤을 추면 어떨까?

weeks

22

길을 떠나야 자랄 수 있어

네가 커가는 만큼 매일 양수가 늘어, 엄마 배는 벌써 남산만 해졌어.

이제 너는 양수 안에서 헤엄을 쳐 모험을 떠날 수도 있지 않을까?

흥미진진한 너의 모험을 위해, 오늘은 도로시의 모험 이야기를 준비했어.

도로시는 어느 날, 회오리바람을 타고 낯선 곳으로 가게 되고,

길 위에서 여러 친구를 만나. 허수아비는 자신에게 지혜가 부족하다 생각하고,

사자는 자신에게 용기가 없다 생각하고, 양철 나무꾼은 자신에게 마음이 없다 생각해.

조금씩 부족한 친구들과 도로시는 어떤 모험을 하게 될까?

우리도 따라 가 볼까?

오즈로 가는 길

도로시와 친구들은 커다란 나무 밑에서 하룻밤을 보내고 다시 길을 떠났어. 걷고 또 걸어 해가 질 무렵이 되자 깊은 계곡이 나타났어.

아찔한 계곡을 보고 허수아비가 말했어.

"계곡을 뛰어넘을 수 있다면 좋을 텐데……."

사자는 계곡을 이리저리 살피더니, 친구들을 한 명씩 태우고 계곡을 뛰어넘어 보겠다고 했어. 맨 먼저 허수아비를 태우고 계곡 건너편으로 펄쩍 뛰었어. 이어서, 도로시와 양철 나무꾼을 차례차례 태우고 계곡 건너편으로 펄쩍 뛰었어.

무사히 계곡을 건넌 도로시와 친구들은 다시 길을 걸었어. 얼마 가지 않아 으스스한 숲이 나왔어. 등골이 서늘해지는 동물의 울음소리가 들려왔어.

"괴물 칼리다의 소리야. 칼리다는 몸통은 곰이고 머리는 호랑이인데, 발톱은 굉장히 날카롭고 이빨은 뾰족해. 한번 물리면 절대 빠져나갈 수가 없어."

사자의 말에 도로시와 친구들은 걸음을 재촉했어. 길을 가다 보니, 또다시 깊은 계곡이 앞을 가로막았어. 계곡 건너편까지 너무 멀어서 사자도 뛰어넘을 엄두가 나지 않았어. 괴물 칼리다의 울음소리가 한층 가깝게 들려왔어. 그때 허수아비가 높다란 나무를 가리키며 말했어.

"저 나무를 베어 계곡 위로 쓰러뜨리면 계곡을 건널 수 있을 텐데……."

그러자 양철 나무꾼이 나서서 도끼로 큰 나무를 찍기 시작했어. 나무가 휘청거리자 사자가 두 발로 힘껏 나무를 쓰러뜨렸어. 그랬더니 나무는 요란한 소리를 내며 계곡 사이에 가로놓였어.

도로시와 친구들은 기뻐하며 나무다리를 건넜어. 그때 괴물 칼리다의 울음소리가 바로 뒤에서 들려왔어. 사자는 겁이 나서 몸이 부들부들 떨렸지만 친구들을 위해 크게 울부짖었어. 사자의 울음소리에 칼리다는 잠시 멈칫하더니 다시 도로시와 친구들을 잡기 위해 다리로 올라왔어. 허수아비가 다급하게 외쳤어.

"양철 나무꾼! 저 나무를 잘라 버려!"

칼리다가 나무다리를 다 건너려는 찰나, 양철 나무꾼은 힘껏 도끼를 내리쳤어. 나무다리는 우지끈 부러져 칼리다와 함께 계곡 아래로 떨어졌어. 도로시는 친구들을 보며 말했어.

"사자의 용감함 덕분에 첫 번째 계곡을 건넜고, 양철 나무꾼의 친구들을 생각하는 마음 덕분에 두 번째 계곡을 무사히 건넜고, 허수아비의 지혜 덕분에 괴물을 물리칠 수 있었어. 너희가 있어서 다행이야."

사자와 양철 나무꾼과 허수아비는 도로시의 말에 행복해졌어.

인생은 모험이라는 말처럼, 모험은 때로 위험하기도 하고 두렵기도 해.
하지만 모험을 통해 온몸으로 세상을 받아들이면 우리는 조금 더 성장하게 돼.
도로시와 친구들이 위험 앞에서 자신의 부족함을 뛰어넘은 것처럼 말이야.

weeks

23

때론 낯선 곳에서 비로소 나를 볼 수 있어

날마다 똑같은 곳에서 똑같이 살다 보면 나라는 사람이 누구인지 모를 수 있어.

저마다 고유한 존재라는 걸 잊고 모두 다 똑같이 생각하고, 똑같이 행동하는 거야.

그래서 사람들은 '나'를 찾아 낯선 곳으로 여행을 떠나기도 하지.

엄마도 지금 여행을 떠나 낯선 길 위에 있어.

너와 함께하는 날들이 엄마에게는 낯선 곳으로의 여행이니까.

엄마는 더 많은 것을 배우고 알게 되겠지. 두려움과 설렘 속에서.

꿀벌 마야의 모험

육각형의 좁은 아기 방에서 막 빠져나온 마야는 호기심으로 똘똘 뭉친 좀 별난 꿀벌이었어. 마야는 여느 꿀벌들처럼 나이 지긋한 암벌 카산드라에게 날갯짓을 배우고, 벌들의 규칙을 하나하나 익혀야 했어. 어린 꿀벌이 알아야 할 첫 번째 규칙은, 다른 꿀벌들과 똑같이 생각하고 똑같이 행동해야 하며 늘 모든 꿀벌의 행복을 먼저 생각해야 하는 것이었지. 그래야 꿀벌 세계의 질서가 유지될 수 있거든. 또 꿀벌이라면 다 알아야 하는 것이 있었어. 세상에서 제일 좋은 꿀을 얻을 수 있는 꽃과 꽃나무를 달달 외워야 했지. 수백 개가 넘는데 말이야. 따라 하라는 카산드라에게 마야는 말했어.

"못 하겠어요. 너무 어려워요. 나중에 직접 보면 외워지지 않을까요?"

카산드라는 눈을 동그랗게 뜨고 고개를 절레절레 저었어.

"앞으로 저는 하루 종일 꿀만 모아야 하나요?"

마야의 물음에, 카산드라는 평생 고생스레 일만 하며 살아온 자신의 삶을 돌아보는

듯 슬픈 표정을 지었어. 그러다 이내 다정한 눈으로 마야를 바라보았지. 그러곤 다른 어린 꿀벌들에게 알려 주던 것보다 더 많은 것들을 어린 마야에게 알려 주었어.

어느 날 마야는 바깥세상으로 첫 번째 나들이를 떠났어. 넓디넓은 세상은 어두침침한 꿀벌들의 도시와는 비교할 수 없이 아름다웠지. 마야는 아름다운 세상에 감동해 그 길로 바로 여행을 떠났어.

"평생 꿀만 모으고 밀랍으로 집이나 지으며 살 수는 없어. 나는 세상을 두루 구경하며 다니고 싶어. 나는 다른 꿀벌들과 달라. 내 가슴은 기쁨과 열정, 경험과 모험으로 채워져야 해. 위험 따위 두렵지 않아. 나에게는 힘과 용기와 침이 있잖아?"

과연 어떤 세상이 마야를 기다리고 있었을까?

세상은 아름답기만 한 것은 아니었어. 곤경과 위험이 마야를 기다리고 있었지.

거미줄에 묶여서, 말벌에 납치되어서 죽을 뻔도 했는데,

그럴수록 마야는 점점 더 강해졌단다.

그리고 세상에 대해 더 많은 것을 알게 되고 사랑하게 되었어.

'엄마'라는 낯선 세상을 여행할수록 엄마도 점점 더 강해지고

세상을 더 잘 이해하고 사랑하게 되는 걸 느껴.

weeks

24

조금 부족해도 넉넉해

넉넉해도 부족해하는 사람이 있고, 부족해도 넉넉해하는 사람이 있어.
한때 엄마는 많은 것에 둘러싸여 있으면서도 없구나, 없어 하고 불안해했어.
요즘은 콩 하나도 나눌 정도로 마음이 넉넉해졌지. 다 네 덕이야.
네 덕분에 엄마는 하루하루 배가 부르거든.
물질적으로 부족한 삶 속에서도 넉넉하다고
호기와 여유를 부렸던 조선 시대 선비가 있어. '여덟 가지 넉넉한 것'을
가졌다 해서 스스로 '팔여거사(八餘居士)'라고 호를 지은 선비 김정국의 이야기야.
그가 벗에게 보낸 편지를 읽어 보니 '넉넉함'의 진짜 뜻을 절로 알 것 같았어.

부족해도 넉넉하다네

벗이여,

내 이야기를 함세.

나는 이십여 년 가난하게 살며 집 몇 칸 장만하고 논밭 몇 이랑 경작하고,

겨울에 입을 솜옷, 여름에 입을 베옷 몇 벌이 있네.

잠자리에 눕고도 남은 공간이 있고, 옷을 입고도 남은 옷이 있고,

주발 바닥에 먹다 남은 밥이 있다네.

눕고도 입고도 먹고도 남은 것이 있으니, 한세상을 으스대며 거리낌 없이 지내고 있다네.

천 칸 고대광실 집에 살고, 십만 섬의 이밥을 먹고, 비단옷 백 벌이 있다 해도,

그따위 썩은 쥐와 다를 것이 없네.

이 한 몸뚱이 땅에 붙이고 사는 데 넉넉하기만 하니 말일세.

듣자니 자네, 집이며 옷이며 음식이며 나보다 백배나 호사스럽다고 하던데,
왜 아직도 그칠 줄을 모르고 쓸데없는 것들을 모으고 있는가?
물론 없어서는 안 될 것들이 있네.
책 한 시렁, 거문고 한 벌, 벗 한 사람, 신 한 켤레, 베개 하나,
바람 통할 창 하나, 볕 쪼일 툇마루 하나, 화로 하나, 늙은 몸 부축할 지팡이 하나,
봄나들이 즐길 나귀 한 마리가 그렇다네.
열 가지나 되니 많기도 하다만 하나라도 없어서는 안 되네.
늙은 날을 보내는 데에 이밖에 구할 것이 뭐 있겠나.

욕심이란 놈은 넉넉해도 부족하다고 끝도 없이 속삭여.

귀찮을 정도로 딱 달라붙어서 말이야. 그러니까 스스로 만족할 줄을 알아야 하고,

무엇이 삶을 즐겁게 할 수 있는지도 알아야 하지.

여유롭고 자유롭게 살려면 욕심을 멀리해야 해.

엄마는 한 술 더 떠서 요즘 먹지 않아도 배가 부르네.

걱정 마. 그렇다고 너까지 굶길 수는 없으니까, 끼니는 잊지 않고 챙길게.

weeks

25

뭐든 마음먹으면 돼

엄마는 요즘 걱정이 이만저만이 아니야.

'네가 세상에 나올 때까지 건강하게 키워 줄 수 있을까?'

'네가 세상에 나오면 좋은 엄마가 될 수 있을까?'

어느 날은 다 잘 될 것 같다가 또 어느 날은 자신이 없어서 움츠러들기도 해.

세상일은 쉽게 생각하면 쉽고, 어렵게 생각하면 어렵고……

마음먹기에 달렸는지도 몰라.

하룻밤에 아홉 번 강을 건너며 깨달음을 얻었다는 선비 박지원처럼,

엄마는 너를 통해 깨달음을 얻나 봐.

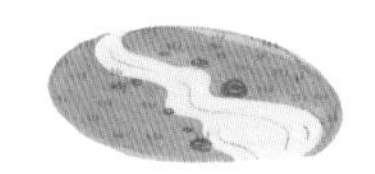

하룻밤에 개울물을 아홉 번 건넌 사람

선비 박지원의 집 앞에는 큰 개울이 있었어. 해마다 여름철 큰비가 한차례 지나고 나면 개울물이 순식간에 불어서 수레 소리, 말 달리는 소리, 대포 소리, 북소리를 듣게 되었지. 귀에 딱지가 생길 지경이었어.

한번은 문을 닫고 누워서 개울물 흐르는 소리를 들으며, 소리의 종류를 구분해 다른 사물에 견주어 보았어.

우거진 소나무 숲에서 퉁소 소리가 나는 듯한 것은 듣는 이의 마음이 청아한 까닭이요,

산이 찢어지고 언덕이 무너지는 듯한 소리는 듣는 이가 흥분한 탓이요,

개구리들이 다투어 우는 듯한 소리는 듣는 이가 교만한 탓이요,

수많은 피리를 번갈아 부는 듯한 소리는 듣는 이가 분노한 탓이요,

찻물이 끓는 듯한 소리는 듣는 이가 정취가 있는 탓이요,
거문고 소리가 조화로운 듯한 것은 듣는 이의 마음에 애잔함이 있기 때문이요,
종이창에 바람이 우는 듯한 소리는 듣는 이가 의심을 품은 탓이다.

개울은 늘 똑같이 흐르는데, 이처럼 듣는 소리가 다 다르게 느껴지는 것은 무엇 때문일까? 선비 박지원은 소리를 있는 그대로 듣지 못하고, 마음에 정해 놓은 대로 귀가 듣게 하기 때문이라고 생각했어.

훗날 박지원은 물살이 거센 강을 건너며 두려움에 사로잡힌 자신을 발견했어. 어떻게 강을 건널까 고민하던 그는 낮에 강을 건너면 물살이 센 것을 눈으로 볼 수 있기 때문에 두렵고, 밤중에 강을 건너면 귀가 물 흐르는 소리에만 집중해 두렵다는 것을 알게 되지.

그러니 두려움을 쫓아내기 위해서는 보이는 것에 의지하지 말고, 들리는 것에 의지하지 말고, 마음에 의지해야 한다는 걸 깨닫게 된 거야.

그런 생각을 하고 나자 더 이상 거센 강을 건너면서도 성난 강물 소리가 무섭게 들리지 않았어. 한밤중에 아홉 번 강을 건너는데도 마치 의자에 앉은 것처럼, 자리에 누운 것처럼 마음에 어떠한 근심도 없었지.

눈에 보이는 것이 두려워서, 귀에 들려오는 것이 무서워서 움츠러들면

세상에서 할 수 있는 일은 아무것도 없을 거야.

아직 들이닥치지 않은 일을 걱정하며 오늘을 낭비할 수는 없지.

우리, 오늘도 즐거운 마음으로 최고의 하루를 만들어 보자. 뭐든 마음만 먹으면 돼!

weeks

26

지금 이 순간이 행복해

아주 오래 전, 엄마 아빠도 너처럼 세상에 나올 준비를 하고 있었단다.

오직 엄마의 몸 안이 나에게는 세상의 전부였을 거야.

그때 나는 무얼 느끼고 있었을까? 그런 생각에, 엄마는 잃어버린 시간을 되새기게 돼.

시간을 거꾸로 돌려서 그때로 돌아가 보고 싶기도 해.

그렇지만 시간은 결코 되돌릴 수 없잖아.

그러니 오늘 하루를 한껏 살아야지.

너를 내 몸 안에 품고 있는 이 시간도 지금뿐일 테니 말이야.

거꾸로 가는 시계

옛날, 작은 왕국에 아름다운 왕비가 살았어. 왕은 언제나 왕비에게 친절했고, 백성들은 왕과 왕비를 존경했어. 왕비는 더 바랄 것이 없었어.

그러던 어느 날, 왕국에서 열린 무도회에서 왕비는 아가씨들의 빛나는 아름다움을 보며 자신이 늙어가고 있음을 느꼈어. 왕비는 시계태엽을 감는 신하를 불러서 태엽을 거꾸로 감으라고 명했어. 시계태엽을 감는 신하는 난처해하며 말했어.

"시계태엽을 거꾸로 감으면 시간이 거꾸로 가게 됩니다. 왕국의 시간은 왕비님만의 것이 아닙니다. 저는 절대 시계태엽을 거꾸로 감을 수가 없습니다."

왕비는 신하에게 명을 따르지 않으면 감옥에 가두겠다고 말했어. 어떻게든 젊음을 되찾고 싶었던 거야. 시계태엽을 감는 신하에게는 갓 태어난 아이가 있었어. 왕비에게 부당하다 말했지만 그도 아내와 아이가 걱정되어 감옥에는 가고 싶지 않았어. 결국 신하는 왕비의 명령대로 시계태엽을 거꾸로 감았어.

그날부터 왕국의 시간은 거꾸로 흐르기 시작했어.

왕비는 아침에 일어나자마자 거울을 보았어. 어제보다 조금 젊어진 것 같아 무척 기분이 좋았지. 하지만 왕은 면도를 한 후 거울을 보고는 깜짝 놀랐어. 방금 깎은 수염이 다시 자라 덥수룩했기 때문이야.

아침을 먹으려고 식탁에 앉으니 창밖에서는 해가 지기 시작했어. 왕과 왕비는 다시 침대로 가서 잠을 자야 했지. 그날 밤, 왕과 왕비는 어젯밤에 꾸었던 꿈을 다시 꾸었어.

다음날도 시계는 거꾸로 갔어. 왕국은 혼란에 빠졌지. 아침에 세수하기 전에 수건

으로 얼굴을 닦고, 바지를 입기 전에 신발을 신었어. 사람들과 만나면 “안녕하세요!”라고 인사하기 전에 “잘 가세요!”라고 인사했어.

그렇게 시간은 계속 거꾸로 흘러갔고, 계절도 거꾸로 바뀌었어. 몇 해가 지나고, 왕비의 생일이 되었어.

아름다운 드레스를 입고 거울 앞에 선 왕비는 자신의 아름다움에 깜짝 놀랐어. 하얗게 세었던 머리가 사라지고 얼굴엔 주름이 하나도 없었어. 왕비는 바라던 대로 젊음을 되찾았지. 하지만 모든 것이 만족스럽지는 않았어.

시간이 거꾸로 흐르자 왕과 왕비는 살아오면서 겪었던 일들을 다시 겪어야 했어. 행복했던 일은 다시 겪어도 행복했지만 불행한 일을 다시 겪어야 하는 건 힘에 겨웠어. 무엇보다 슬픈 일은, 다시 젊어진 왕이 전쟁에 참전하기 위해 왕비를 떠나야 한다는 거였어.

왕비는 왕국의 시계를 원래대로 돌려놓기 위해 시계태엽을 감는 신하를 불렀어. 그랬더니 시계태엽을 감는 신하 대신에 웬 남자아이가 왕비를 찾아왔어.

마음이 다급한 왕비는 시계태엽을 감는 신하는 어디에 있느냐면서 화를 냈어. 그러자 남자아이가 말했어.

"왕비마마, 저는 이다음에 커서 왕국의 시계태엽을 감는 신하가 되는 것이 꿈입니다."

왕비가 남자아이의 얼굴을 자세히 보니 시계태엽을 감는 신하와 닮았어. 시간이 거꾸로 흘러 신하는 아이가 되어 버린 거야.

결국 왕국의 시계를 거꾸로 되돌리지 못한 채 왕은 전쟁에 참전하기 위해 왕국을 떠났어. 왕비는 홀로 왕국을 지켜야 했지. 해가 지고 다시 해가 뜨면 왕비는 더 젊어졌지만 더는 달갑지가 않았어. 이제 거울을 보지도 않았어.

왕비는 날마다 무료한 시간을 보내야 했어. 앞으로 일어날 일을 모두 다 알기 때문에 아침에 눈을 떠도 새로운 날에 대한 기대가 없었어. 가끔은 기분을 내기 위해 드레스를 새로 맞추기도 했어. 그런데 새 드레스라고 해야 이미 다 입어 보았던 드레스라서 흥이 나지 않았어. 아무리 맛있는 음식이 식탁 위에 올라도 식사는 시작도 하기 전에 끝나 버렸어.

그렇게 또 시간이 거꾸로 흘러서 왕비는 인생에서 가장 아름다운 순간을 다시 맞이하게 되었어. 왕과 결혼을 하는 날이었지. 하지만 결혼식 다음날, 두 사람은 다시 헤어져 서로를 알기 전으로 돌아갔지.

왕비는 점점 어려져서 이제 곧 엄마 배 속으로 들어가야 할 시간이 머지않았음을 느꼈어. 왕비는 오로지 젊어지고 싶은 욕심에 한 선택을 후회했어. 시계태엽을 감는 신하가 했던 말이 생각났어. 왕국의 시간은 자신만의 것이 아니었던 거야. 시간이 흘러가는 대로, 지금 주어지는 순간을 소중히 해야 행복할 수 있다는 걸 알게 되었지. 그걸 깨닫자마자 왕비는 엄마의 배 속으로 들어가 버렸어.

너는 오늘 엄마 몸 안에서 어떤 시간을 보냈을까?

비록 세상에 나올 땐 두고 와야 할 추억이지만

하루하루 멋진 추억을 만들었으면 해.

그러기 위해서 늘 지금 이 순간 충분히 행복하기를 바라!

지금을 충실하게, 지금 이 순간을 즐길 수 있다는 것이

세상에서 가장 큰 행운이니까.

weeks

27

홀로 빛나는 별은 없어

너와 함께 하는 동안은 날마다 즐거우면 좋으련만 가끔씩 마음이 무겁고 우울해져.
그럴 때마다 엄마는 밤하늘에 빛나는 별을 생각하기로 했어.
별이 반짝일 수 있는 것은 어둠이 있기 때문이잖아.
울적한 날이 있기 때문에 더 크게 웃을 날도 있겠지.
빛과 어둠은 언제나 함께 존재한단다.
그리고 세상에는 어둠처럼 별을 빛나게 하는 존재가 있어.
엄마는 오늘 너에게, 별이 빛날 수 있도록
어둠이 되어 주는 존재에 대해 이야기하고 싶어.

헬렌 켈러와 설리번

어릴 때 큰 병을 앓아 눈이 보이지 않고 귀가 들리지 않게 된 헬렌 켈러에게 세상은 어둠 그 자체였어. 볼 수도 없고 들을 수도 없으니 말을 배울 수도, 글자를 익힐 수도 없었어. 누구와도 소통할 수가 없었지. 헬렌 켈러의 부모님은 아이를 위해 선생님을 찾아 나섰어. 헬렌이 세상 밖으로 나올 수 있기를 간절히 바랐던 거야. 하지만 선생님을 찾는 일은 결코 쉽지 않았어. 헬렌의 부모님도 점차 지쳐 갔지.

그러던 어느 날, 앤 설리번이라는 선생이 헬렌 컬러를 찾아왔어. 그녀가 다니던 장애인 학교의 교장이 헬렌 켈러의 이야기를 들려주었거든. 설리번은 어릴 때 결막염을 너무 심하게 앓아서 사물이 흐릿하게 보였어. 그러니 누구보다도 헬렌의 고통을 이해할 수 있었지. 헬렌을 처음 만난 설리번은 그녀에게 인형을 건넸어. 그러고 나서 헬렌의 손을 끌어다 손가락으로 '인형'이라는 수화 알파벳을 썼지.

하지만 헬렌이 설리번의 가르침을 받아들이기란 결코 쉬운 일이 아니었어. 응석받

이로 자란 헬렌은 다른 사람의 말을 듣지 않았거든. 악다구니를 쓰며 설리번을 밀어냈지. 한번은 주먹을 마구 휘둘러 설리번의 앞니를 부러뜨리기도 했어. 헬렌에게는 모든 것이 낯설고 두려웠던 거야. 딸의 고통스러운 시간을 보며 헬렌의 어머니는 교육을 포기할 생각도 했어. 하지만 설리반은 포기하지 않았어. 헬렌이 주먹을 휘두르면 설리번은 헬렌을 더욱 끌어안았지. 그렇게 한 달이 지나고, 헬렌에게 기적이 일어났어. '물'이라는 단어를 몸으로 이해하게 된 거야.

설리번이 마당에 있는 수돗가로 헬렌을 데리고 가서, 물이 뿜어져 나오는 펌프 꼭지에 헬렌의 손을 가져다 대었어. 헬렌이 차가운 물에 깜작 놀라자 설리번은 헬렌의 손바닥에 물이라는 글자를 썼어. 순간, 헬렌은 굳어 버렸어. 손에 닿는 물의 감촉이 언어의 베일을 벗겨 버린 거야.

설리번의 도움으로 헬렌은 대학에 입학했지만 혼자 힘으로는 공부할 수가 없었어. 설리번이 헬렌의 옆에 앉아 손바닥 위에 강의 내용을 전부 활자로 적어서 알려줘야 했지. 설리번은 대학을 나오지도 않았고 시력도 좋지 않아 어려운 책을 보는 것이 힘들었어. 하지만 헬렌을 위해 책을 읽고 도움을 아끼지 않았지. 그 덕에 헬렌은 중복장애를 가진 사람으로는 세계 최초로 대학 졸업장을 받게 되었어. 헬렌이 사회사업가가 되었을 때도 설리번은 그녀 곁에 있었어. 설리번은 생의 대부분을 그렇게 헬렌 켈러를 위해 살았단다.

헬렌 켈러의 삶이 많은 사람들에게 감동을 주는 것은,

그녀의 인생에 보석 같은 존재였던 설리번 선생님이 있었기 때문이지.

엄마는 네가 밤하늘의 별처럼 빛나는 사람이 되길 바라.

동시에 누군가를 빛나게 해 주는 사람이 되길 바라.

어느 때라도 네가 알아주었으면 해,

이 세상에 홀로 빛나는 별은 없다는 것을 말이야.

weeks

28

바람이
우리를 데려다주겠지

엄마가 먹는 것을 너도 먹고, 엄마가 느끼는 것을 너도 느낀다지?

먹는 것뿐 아니라 감정까지 함께 나눈다고 하니 걱정을 줄이려고 노력해.

그러다 어떤 날은 '어떻게 하면 걱정을 줄이지?' 하는 걱정이 생겨.

그래서 마음먹었어, 자연스럽게 모든 것을 느끼기로.

바람이 이끄는 대로 하루를 살고 인생을 사는 유목민처럼,

너와 함께 있는 동안은 마음의 자유를 만끽해 볼래.

바람아 바람아 불어라

바람아 바람아 불어라
대추야 대추야 떨어져라
송아지야 송아지야 밟아라
아이야 아이야 줏어라
어른아 어른아 뺏어라
아이야 아이야 울어라

대추는 떨어지고
콩죽은 넘어지고
송아지는 도망가고
아이는 울고불고

바람아 바람아 불어라
대추야 대추야 떨어져라

대추를 먹고 싶어서 바람에게 부탁하는 노래가 재밌지?
엄마도 한번 대추나무 아래 서서
이 노래를 불러 볼까? 맛있는 대추가 우두두 떨어지면
손바닥에 받아서 너와 함께 맛있게 먹을 거야.
노래를 부르고 나니 엄마 마음도
아이처럼 가벼워지네. 바람아, 불어라!

아기는 이제 마음대로 움직일 수 있고
호흡도 부분적으로 가능하며 뼈는 더욱 단단해집니다.

• • •

엄마는 조기진통으로 힘들 수도 있습니다.
이 시기에는 운동을 약간만 자제하도록 합니다.
임신성당뇨병으로 당 조절이 힘들 수 있으니 조심하세요.
엄마의 손발이 많이 붓고 혈압이 높아진다면 임신중독증을 의심할 수도 있습니다.
출산 전 막달 검사로 가슴 X-ray, 심전도검사 등이 필요합니다.
이 시기에 모유수유 관련 교육을 미리 받는다면 아기를 낳은 후 많은 도움이 될 거예요.

• • •

아빠는 엄마가 모유수유를 할 수 있게 정보도 찾아보고
교육 프로그램에 같이 참여할 수 있다면 금상첨화겠지요.
엄마 몸이 무거워지면서 운동하기 쉽지 않습니다.
아빠가 같이 하며 힘을 주세요.

29~30주	눈을 떴다 감았다 할 수 있고, 폐의 성숙을 돕는 폐계면활성제를 만들어 냅니다. 키 42cm / 몸무게 1.3kg
31~34주	많은 지방을 비축하여 급속하게 성장합니다. 리듬감 있게 호흡하는 모습도 나타나고, 이때부터 철, 칼슘, 인을 비축하기 시작합니다. 키 45cm / 몸무게 2.1kg
35~36주	아기의 움직임이 줄어드는 대신 전보다 조금 더 무게감 있게 움직입니다. 키 47.5cm / 몸무게 2.5kg

Chapter

4

나누면 나눌수록 행복해

weeks

29

오래된 것은 뭐든 좋아

이 달에 들어서면서 엄마에겐 크고 작은 변화가 생겼어.
무엇보다 큰 변화는 몸무게라 할 수 있지. 저울에 올라설 때마다
깜작 놀라곤 해. 너는 1kg을 조금 넘을 뿐이잖아. 그런데 엄마 몸무게는
벌써 8kg이 늘었단다. 네가 태어나면 운동을 많이 해야 할 것 같아.
몸무게만 는 건 아니야. 감정도 풍부해져서 작은 일에도 눈물이 주르르 흘러.
몸과 마음에 크고 작은 변화가 생겨서일까? 요즘 엄마는 오래된 것들에서
안정감을 느낀단다. 오래된 것은 뭐든 좋다는 생각이 들어.
그래서 오늘은 지혜에 관한 이야기를 들려줄까 해.
지혜는 사람들이 살면서 터득한 오래된 생각이니까.

보잘것없는
그릇

어느 날, 로마의 황후는 지혜롭기로 소문이 자자한 랍비를 만나게 되었어. 만나 보니 그는 분명 배움이 많아 보였고, 머리도 좋아 보였어. 그렇지만 얼굴이 너무 못생겨서 황후는 자꾸만 웃음이 나왔어. 쯧쯧쯧, 혀를 차며 랍비에게 말했어.

"지혜가 이토록 못생긴 그릇에 담길 수도 있구나."

그러자 랍비는 황후에게 엉뚱한 물음을 던졌어.

"황후마마, 황궁 안에도 술이 있습니까?"

황후는 당연히 술이 있다고 했지. 그러자 랍비가 다시 물었어.

"술은 어디에 담겨 있습니까?"

황후는 시답잖은 질문이라 여기며, 술은 진흙으로 된 항아리에 담겨 있다고 답했어. 랍비는 '그것 참 이상하다'는 표정을 짓더니 말했어.

"황제와 황후께서 드시는 귀한 술을 어찌 금으로 된 항아리가 아닌 하찮은 질항아리에 보관하십니까?"

황후는 바로 시녀들을 불러 질항아리에 담긴 술을 금 항아리에 담게 했어.

며칠 후, 황제는 시녀들이 내온 술을 마시고 인상을 찌푸렸어. 술 맛이 변해서 마실 수가 없었거든.

"누가 술을 금 항아리에 담아 두었느냐?"

황제의 다그침에 당황한 황후는 기어들어가는 목소리로 대답했어.

"술이 보잘것없는 그릇에 담겨 있어 제가 그렇게 지시했습니다."

황제는 어리석다면서 황후를 꾸짖었어. 황후는 참을 수 없이 화가 나서 지혜롭기로 소문이 자자한 랍비를 찾아가 따졌어.

"술을 금 항아리에 보관하면 맛이 변한다는 것을 알고도 내게 권한 것이냐?"

랍비는 태연하게 대답했어.

"저는 단지 귀중한 것이라 해도 보잘것없는 그릇에 보관하는 것이 더 좋을 수 있다는 것을 말씀드리고자 했을 뿐입니다. 지혜가 저처럼 못생긴 사람에게 들어 있어 더욱 빛나듯이 말입니다."

황후는 부끄러워하며 랍비에게 사과했어.

황후는 분명 랍비를 수치스럽게 했는데,

랍비는 기분 나빠하기는 커녕 황후에게 깨달음을 주었어.

지혜라는 것은, 랍비가 말한 보잘것없는 그릇 같아.

반짝반짝하는 겉모습보다는 그 안에 담긴 내용이 더 중요하지.

너는 어떻게 생각하니, 아가야?

weeks

30

나누면 나눌수록 행복해

엄마는 요즘 친구들에게 임신 축하 선물을 많이 받아.

선물 상자를 풀 때마다 친구들의 마음이 느껴져 가슴이 따뜻해지곤 하지.

나 혼자 받는 선물이 아니라 너와 함께 받는 선물이라 두 배 더 행복해.

임신이라는 생애 최고의 경험을 통해 엄마가 느낀 가장 큰 행복은 나눔이란다.

오늘은 나누면 나눌수록 행복한 이야기를 들려줄게.

개구리네 한솥밥

옛날 옛적 개구리 한 마리가 살았는데,

찢어지게 가난해도 마음 하난 착했지.

어느 날 개구리는 쌀 한 말을 얻어 오려고 벌 건너 형네 집을 찾아 나섰어.

뚜벅뚜벅 걷는데, 도랑에서 우는 소리가 들렸어.

그리 가 보니 소시랑게가 울고 있어.

왜 우느냐, 물으니 발을 다쳐 운다는 거야.

개구리는 가던 길 잊고 소시랑게의 발을 고쳐 주었어.

다시 뚜벅뚜벅 걷는데, 논두렁에서 우는 소리가 들렸어.

그리 가 보니 방아깨비가 울고 있어.

왜 우느냐, 물으니 길 잃고 갈 곳 몰라 운다는 거야.

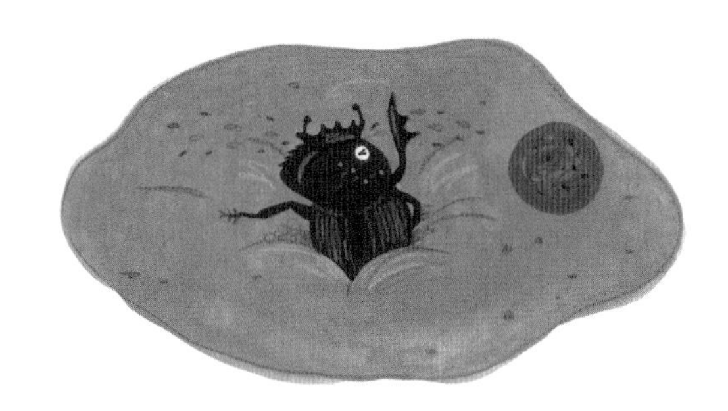

개구리는 가던 길 잊고 방아깨비에게 길을 가르쳐 주었어.

다시 뚜벅뚜벅 걷는데, 길 한복판 땅 구멍에서 우는 소리가 들렸어.

그리 가 보니 쇠똥구리가 울고 있어.

왜 우느냐, 물으니 구멍에서 빠져나오지 못해 운다는 거야.

개구리는 가던 길 잊고 구멍에 빠진 쇠똥구리를 끌어내 주었어.

다시 뚜벅뚜벅 걷는데 길섶 풀숲에서 우는 소리가 들렸어.

그리 가 보니 하늘소가 울고 있어.

왜 우느냐, 물으니 풀대에 걸려서 운다는 거야.

개구리는 가던 길 잊고 풀에 걸린 하늘소를 놓아주었어.

다시 뚜벅뚜벅 걷는데, 길 아래 웅덩이에서 우는 소리가 들렸어.

그리 가 보니 개똥벌레가 울고 있어.

왜 우느냐, 물으니 물에서 빠져나오지 못해 운다는 거야.

개구리는 가던 길 잊고 물에 빠진 개똥벌레를 건져 주었어.

도와주고 도와주느라 길이 늦어진 개구리는 해질 무렵 형네 집에 도착했어.

쌀 대신 벼 한 말 얻어 등에 지고 형네 집을 나올 땐 날이 저물어 버렸지.

어두운 길에 무거운 짐 지고 걷다 보니 이리 휘청 저리 휘청, 그러다 결국 뒤로 넘어졌어.

밤은 깊고 길은 멀고 눈앞은 캄캄해서 개구리는 주저앉아 걱정했어.

그러자 웬일인가 개똥벌레 윙 하니 날아오더니, 등불 받고 앞장서 어둡던 길이 밝아졌어.

어둡던 길 밝아지니 길 가기 좋았지만, 등에 진 짐 무거워 개구리는 또 길에 주저앉고 말았어.

그러자 웬일인가 하늘소 씽 하니 날아오더니, 무거운 짐 받아지고 개구리 뒤를 따랐어.

무겁던 짐 벗어 놓으니 가벼워 좋았지만, 개구리는 쇠똥 더미에 길이 막혀 또 주저앉고 말았어.

그러자 웬일인가 쇠똥구리 휭 하니 굴러 오더니, 쇠똥 더미 굴려서 막혔던 길을 열어 주었어.

막혔던 길 열려서 개구리는 집까지 잘도 왔지만,

얻어 온 벼 한 말을 방아 없이 어떻게 찧나?

이리저리 걱정하다 또 주저앉고 말았어.

그러자 웬일인가 방아깨비 껑충 뛰어오더니, 이리 쿵 저리 쿵 벼 한 말을 다 찧었어.

방아 없이 쌀을 찧어 개구리는 기뻤으나, 불을 땔 장작 없어 무엇으로 밥을 짓나?

이리저리 걱정하다 또 주저앉고 말았어.

그러자 웬일인가 소시랑게 비르륵 기어오더니, 풀룩풀룩 거품 지어 흰밥 한 솥 잘도 지었어.

장작 없이 밥을 지어 개구리는 좋아라고 멍석 깔고 모두 불러 앉혔어.

불 받아 준 개똥벌레, 짐 져다 준 하늘소, 길 치워 준 쇠똥구리, 방아 찧어 준 방아깨비, 밥 지어 준 소시랑게, 모두모두 둘러앉아 한솥밥을 맛있게 먹었어.

둘러앉아 다함께 먹으니 얼마나 맛있었을까?

엄마는 그런 풍경이야말로 사람 살아가는 세상이라 생각해.

단순히 내가 준 만큼 받는다는 의미가 아니라 서로를 돕는다는 의미에서 말이야.

누구나 완벽할 수 없으니까 도움을 주고받고 어울려 살 수밖에 없잖아?

엄마는 고마움을 오래 기억하는 사람이 되고 싶어.

weeks

31

세상 모든 것이 이어져 있어

사과나무에서 꽃이 피고 열매를 맺으면 탐스러운 사과가 열리지.

그런데 사과나무는 작은 씨앗에서 시작되잖아.

씨앗이 싹을 틔우려면 햇빛과 물과 흙이 필요해.

그것 말고도 많은 것들이 씨앗에서 생명이 움트도록 돕지.

그중 하나라도 없었다면 오늘 아침 엄마는 사과를 한 입 베어 먹지 못했을 거야.

세상 모든 존재는 그렇게 서로 돕고 살아야 하나 봐.

그런데 사과나무 씨는 어디에서 왔을까? 사과에서 왔다고?

그러면 사과는 어디에서 왔는데?

세상이 처음 생긴 이야기, 한번 들어 볼래?

마고할미

하늘과 땅이 딱 붙어 있었을 때 이야기야. 해도 달도 없었으니 낮과 밤도 따로 없어 세상은 온통 어둠뿐이었지. 어둠 속에서 마고할미란 거인이 긴 잠을 자고 있었어.

어느 날 마고할미가 드르렁 푸, 코를 골았는데 천둥처럼 요란했어. 얼마나 요란했으면 땅이 들썩하고 하늘이 출렁했겠어. 별들도 우르르 떨어져 내렸지. 사람들이 무서워 소리를 질렀어. 그때 마고할미가 잠에서 깨어났어. 사람들이 꿱꿱 소리를 질러 시끄럽기도 했지만 실은, 오줌이 마려웠거든.

마고할미는 두 팔을 뻗어 한껏 기지개를 켰어. 그 바람에 쩍, 하고 갈라지며 하늘이 열렸네. 해와 달이 둥실 떠올라 어둠을 몰아냈지. 별들도 제자리를 잡고 반짝였어. 봉긋봉긋 땅에서 산이 솟아올랐어. 그런데 알고 보니 그건, 마고할미의 무릎이었어. 마고할미가 오줌을 누려고 일어났거든.

콸콸콸, 강물처럼 밀려오는 오줌 줄기에 사람들은 둑을 쌓았어. 시원해서 웃었는지 사람들 모습이 우스워 웃었는지 깔깔깔 한참 웃어 놓고는, 그래도 좀 미안했나 봐. 마고할미는 사람들을 도와 둑을 쌓았어.

마고할미는 치마폭에 바윗돌을 싸서 그저 몇 걸음에 바다를 건너왔어. 그런데 이런, 치마가 헤어져 바윗돌이 바다로 떨어져 버렸네. 풍덩풍덩 바다로 떨어져 내린 바윗돌들은 크고 작은 섬이 되었지.

마고할미는 눈 깜짝할 사이에 둑을 쌓았어. 길고도 길고 크고도 크고 힘도 좋았으니까. 마고할미가 한라산을 베고 누웠는데 뒤통수를 찌르는 산봉우리가 있어 떼어서 던져 버렸어. 그래서 지금까지 한라산 꼭대기가 움푹 파여 있대.

마고할미는 몸을 쭉 뻗었어. 그랬더니 오른발은 동해에, 왼발은 서해에 걸쳐지네. 마고할미는 첨벙첨벙 물장구를 쳤어. 그 바람에 세상이 물바다가 되었고, 사람들은 산으로 올라갔지. 보고 있던 마고할미는 젖은 땅을 손가락으로 긁었어. 그러자 손가락 사이로 삐져나온 흙이 산이 되었고, 푹 파인 곳은 골짜기가 되어 물이 쑥쑥 빠져 나갔어.

배가 고파 마고할미는 흙이고 나무고 바위고 마구 집어먹었어. 그랬으니 배가 아팠겠지. 그때 마고할미가 토해낸 것이 백두산이 되었고, 쏟아낸 것이 태백산맥이 되었어. 까마득히 먼 옛날, 마고할미란 거인이 있어, 처음 세상이 열렸단다.

세상 모든 것을 낳고 기른 할미, 마고할미 이야기야.

생명의 뿌리라 할 어머니에 '크다'라는 뜻의 우리말 '한'이 붙어 할머니라는 말이 되었어.

지금은 나이가 많으면 무조건 할머니라 하지만 말이야.

그렇게 세상이 나고 생명의 씨앗이 퍼져 나갔단다.

weeks

32

머리가 아닌 마음으로 배워

이때쯤 매끈했던 너의 뇌에 주름이 잡히며 학습 능력도 쑥쑥 오른다고 하네.

앞으로 네 작은 머리에 많은 지식을 차곡차곡 채워 가겠지.

그런데 어쩌면 우리는 더 많은 것을 마음으로 배우고 있을지도 몰라.

요즘 엄마를 보면 그래. 엄마는 너와 함께하며 머리보다 마음으로 배우고 있어.

어머니 말이라면 마음 다해 들었던 아이 이야기가 떠오르네.

오늘은 그 이야기를 들려줄게.

종이에 싼 당나귀

옛날 어느 마을에 사내아이가 있었는데, 홀어머니와 단둘이 살았어. 아이는 어수룩했지만 어머니 말은 잘 들었지. 형편이 어려워 아이는 날마다 남의 집에서 일을 해야 했어. 하루는 이웃마을에서 일을 하고 서 푼의 돈을 받았어. 아이는 돈을 잃어버릴까 봐 손에 꼭 쥐고 갔어.

그런데 가다 목이 마르잖아. 그래 우물에서 물 한 모금 떠먹었지. 우물 옆에다 돈을 올려놓고 말이야. 그러고는 깜빡 잊고 그대로 돈을 놓고 와 버렸네. 한참 가다 보니 손이 허전하잖아. 헐레벌떡 달려갔더니, 이놈의 돈이 발이 달려 어디로 갔는지 없지 뭐야. 집에 와 어머니에게 이야기했더니 어머니 말이,

"다음에는 손에 쥐고 오지 말고 주머니에 넣고 와야 한다."

다음날도 아이는 이웃마을에 일을 하러 갔는데, 주인이 품삯으로 강아지 한 마리를 주네. 아이는 엊저녁 어머니 말이 떠올라 강아지를 우격다짐으로 주머니에 넣었지 뭐

야. 그랬더니 강아지가 주머니를 뜯고 달아나 버렸네.

집으로 돌아와 어머니에게 이야기했더니 어머니 말이,

"끈으로 모가지를 묶어 끌고 왔어야지."

다음날도 또 이웃마을에 일을 하러 갔는데, 주인이 품삯으로 생선을 주었어. 아이는 엊저녁 어머니 말이 떠올라 생선 모가지를 끈으로 묶어 질질 끌고 갔지. 집에 왔더니 살점은 다 떨어져 나가고, 흙 범벅이 되어 생선을 먹을 수 없게 되었어.

그 꼴을 보고 기가 막힌 어머니 말이,

"종이에 싸서 몸통을 묶어 어깨에 메고 오면 좋았겠구먼."

다음날도 아이는 이웃마을에 가서 일을 했는데, 그동안 일을 잘해 주었다고 주인이 당나귀 한 마리를 주었어. 아이는 엊저녁 어머니 말이 떠올랐지. 여기저기서 주운 종이로 당나귀를 싼 다음 몸통을 짚으로 묶어 어깨에 척 메었어. 그런데 때마침 원님 딸이 가마를 타고 지나가는 거야.

원님 딸은 몹쓸 병에 걸려 며칠째 말도 못하고 먹지도 못하고 있었어. 그래 세상 떠나기 전에 바깥 구경이라도 하려고 나온 길이었어. 이 원님 딸이, 당나귀를 종이에 둘둘 싸서 어깨에 메고 가는 아이를 보고 있자니 너무 웃긴 거야. 그래 깔깔 웃었는데, 그 바람에 목에서 가시가 톡 튀어나오네. 목에 가시가 걸려 말도 못하고 먹지도 못했던 거야. 가시가 톡 튀어나왔으니 병도 씻은 듯이 나았지.

원님이 사내아이를 불러 어찌하여 당나귀를 종이에 싸서 어깨에 메고 가는지 물었더니, 어머니 말을 새겨듣고 그랬다는 거야. 이야기를 듣고 보니 어수룩하긴 해도 효자 중에 효자 아니겠어. 원님은 아이에게 큰 상을 내렸어. 아이는 어머니와 오래오래 잘 살았대.

아이는 아무 의심 없이 어머니 말을 따랐어. 마음으로 새겨듣고 배울 줄 알았던 거지.
모자라고 더딘 듯이 보여도 아이는 결국 해냈어. 뭐, 착해서 복 받은 거라 생각할 수도 있겠지만,
엄마 눈에는 아이가 자기 방식으로 성공한 걸로 보여.
좋은 머리에 지식을 꽉꽉 채운다고 삶의 과제들을 잘 풀 수 있는 것은 아니거든.

weeks

33

마음으로 귀 기울이면

엄마 몸 깊은 곳으로부터 네 목소리가 들려.

몸에도 귀가 있는 것처럼 마음에도 귀가 있어서, 멀리서 별들이

속삭이는 소리까지 들을 수 있어. 마음의 귀로는 마음으로 하는 소리도 들을 수 있지.

마음의 귀는 별들에게도 바람에게도 누구에게도 있어서,

마음으로 이야기하면 저 높은 곳에서도, 저 먼 곳에서도 다 들을 수 있어.

별

프랑스 프로방스에 뤼브롱이란 산이 있어. 그곳에서 어느 목동이 양을 치고 살았어. 몇 주일이고 사람 그림자도 볼 수 없었지. 그래서 목동은 노라드 아주머니의 붉은 머리쓰개가 언덕으로 떠오르면 기뻐 어쩔 줄을 몰랐어. 노라드 아주머니는 보름마다 보름치 식량을 노새에 실어서 목동을 찾아왔거든. 노라드 아주머니는 식량만 날랐던 것이 아니라 아랫마을 소식도 날랐는데, 목동은 늘 스테파네트 아가씨 이야기가 제일 궁금했어. 스테파네트 아가씨는 목동이 마음속에 품고 있던 주인집 딸인데, 목동이 그때껏 본 사람들 중에 제일 아름다웠대.

어느 일요일, 목동은 목을 쭉 빼고 노라드 아주머니를 기다리고 있었어. 어쩐 일인지 아주머니가 늦는 거야. 점심때쯤 소나기가 퍼부었는데 그래서 이런저런 생각으로 초조한 마음을 달래고 있었지. 늦은 오후에야 개천에 물이 불어 좔좔 흐르는 소리에 섞여, 딸랑딸랑 노새의 방울 소리가 들려왔어. 노라드 아주머니가 이제야 왔구나 했는데, 노새를 몰고 나타난 사람은 뜻밖에도 스테파네트 아가씨였어. 휴가를 얻어 자식들을 보러 간 노라드 아주머니 대신 스테파네트 아가씨가 목동을 찾아왔는데, 길을 잃고 헤매다 늦었다는 거야.

목동은 그때 처음 가까이서 아가씨를 보았어. 물론 양떼와 함께 평원에 내려와 있는 겨울철이면 예쁘게 차려입은 아가씨를 볼 수 있었어. 그렇지만 그때는 쌀쌀맞게 스쳐 지나가는 아가씨를 그저 멀리서 볼 수밖에 없었거든. 그런데 그런 아가씨가 바로 눈앞에 있었으니 목동은 그날, 말 그대로 제정신이 아니었어.

“여기서 살아요? 늘 혼자 있으면 얼마나 쓸쓸할까! 뭘 하고 지내요? 무슨 생각을 하며 지내요?”

목동은 “아가씨를 생각하며 지내죠.”라고 대답하고 싶었지만 당황해서 아무 말도 못하고 쩔쩔매기만 했어. 아가씨는 보름치 식량을 내려놓고 떠났어. 아가씨가 비탈길을 따라 사라질 때까지 목동은 보고만 있었지. 노새 발굽에 차여 떨어지는 돌멩이 하나에도 귀를 기울이며. 날이 저물 때까지 그 애틋한 순간이 달아날까 봐, 목동은 꿈쩍않고 있었어.

저녁때가 되어 골짜기에 어둠이 차고 양들도 우리 안으로 들어오려고 모여들었어. 그때 비탈길에서 목동을 부르는 소리가 들렸어.

생글생글 웃던 모습은 온데간데없고 바들바들 떨며 겁에 질린 얼굴로 스테파네트 아가씨가 나타난 거야. 소나기로 불어난 강을 건너려다 떠내려갈 뻔했는지 흠뻑 젖어 있었지. 아가씨 혼자 지름길을 찾아 마을로 내려갈 수도 없고, 양떼를 두고 목동이 아가씨와 함께 내려갈 수도 없었어. 그렇다고 둘이 산에서 밤을 보내자니 집에서 걱정이 이만저만 아닐 텐데, 하는 마음에 아가씨는 안절부절못했어.

“7월은 밤이 짧아요, 아가씨. 힘들겠지만 조금만 참으세요.”

목동은 아가씨를 달래며 얼른 불을 지피고 아가씨에게 양젖과 치즈를 가져다주었어. 그렇지만 아가씨는 불을 쬐려고도 뭘 먹으려고도 않고 눈물만 글썽였어. 그러는 동안 밤이 되었지. 목동은 털가죽을 새로 깔아 놓고 안녕히 주무시라고 인사를 하고 밖으로 나왔어. 누추하나 자신의 움막 안에, 그러니까 자신의 보호 아래 아가씨가 마음 놓고 잠들어 있다고 생각하니 가슴이 벅차올랐어. 그런데 갑자기 삐걱 움막 문이 열리며 스테파네트 아가씨가 나타났어.

아가씨는 목동과 함께 모닥불 앞에 앉았어. 바스락 소리에도 소스라치게 놀라 아가씨는 목동에게 바짝 붙어 앉았지. 그렇게 둘은 나란히, 아무 말 없이 앉아 있었어. 별똥별이 그들의 머리 위를 지나 한 줄기 긴 꼬리로 떨어졌어.

"저게 뭘까?"

"천국으로 들어가는 영혼이랍니다, 아가씨."

둘은 함께 성호를 긋고 다시 밤하늘을 쳐다보았어.

"어쩌면 저렇게 별들이 많을까? 아름다워라! 저 별들의 이름을 모두 알아요?"

"그럼요, 아가씨."

목동은 별들의 이름 하나 하나와 이야기들을 들려주었지. 7년마다 한 번씩 결혼하는 별들의 이야기도 빼먹지 않고 들려주었어.

"어머, 별들도 결혼해요?"

"그럼요, 아가씨."

어떻게 별들이 결혼을 하는지 이야기해 주려는데, 목동의 어깨로 구불구불하고 보드라운 무언가가 떨어져 내렸어. 졸음에 겨워 목동에게 살며시 기대어 온 스테파네트 아가씨의 머리였어. 헤아릴 수 없이 많은 별들이 순한 양떼처럼 조용히 그들 주위를 운행하고 있었어. 목동은 밤하늘의 별들을 보다 상상 속으로 빠져들었어. 저 많고 많은 별들에서 가장 가냘프고 가장 빛나는 별 하나가 길을 잃고 헤매다 자신의 어깨에 내려앉아 고이 잠들어 있노라고.

스테파네트 아가씨를 향한 목동의 마음을 별들은 이미 눈치챘겠지.
어쩌면 스테파네트 아가씨도 눈치챘을지 몰라. 마음의 귀를 열고 들었다면 말이야.
별에 관해 이야기를 하고 있지만 목동은 스테파네트 아가씨에 대한
자신의 사랑을 수줍게 고백하고 있었을 테니까.

weeks

34

네가 말을 걸어오면

너는 엄마 배 속에서 들은 단어를 세상에 가지고 나온다지?

엄마는 너에게 예쁜 단어를 많이 들려주고 싶어.

날마다 하얀 종이 위에 엄마가 좋아하는 단어를 적다 보니,

예쁜 꽃 이름이 여럿 생각나. 데이지, 물망초,온시디움, 하늘나리, 프리뮬러…….

어떠니, 아가야? 엄마가 발음할 때마다 은은한 꽃향기가 네 코끝에 전해지니?

오늘은 예쁜 꽃들 중에서 행복의 열쇠라는 꽃말을 지닌 프리뮬러 이야기를 들려줄게.

행복의 열쇠,
프리뮬러

어느 산골 마을에 어린 소녀가 병든 어머니와 함께 살았어.

어머니의 병이 낫기를 바라면서, 소녀는 날마다 들로 나가 약초를 캤어. 그러면서 꽃을 좋아하는 어머니를 위해 예쁜 꽃도 따다 주었지.

그런데 어느 날, 어머니의 병이 악화되었어.

소녀는 어머니를 즐겁게 해주고 싶은 마음에 흔히 볼 수 없는 꽃을 따러 깊은 산으로 갔어.

그곳에서 빛나는 프리뮬러를 봤어. 작고 다채로운 색의 프리뮬러들이 은은한 향기를 뿜어내고 있었어. 소녀는 어머니를 생각하며 프리뮬러를 꺾으려 했지. 그때 소녀 앞에 요정이 나타났어.

"애야, 네 손에 든 그 꽃은 보물 성으로 들어가는 열쇠란다."

요정은 소녀에게 보물 성으로 가는 길을 알려 주었어.

소녀가 그 길을 따라 가 보니 웅장한 성이 한 채 모습을 드러냈어.

요정 말대로 열쇠구멍에 꽃을 꽂으니 드르륵 문이 열렸고, 성의 주인이 나와 소녀를 맞아 주었어.

"이 성에는 온갖 보물이 있단다. 네 마음에 드는 것을 골라 보렴."

하지만 소녀는 보물 따위는 구경도 하지 않았어.

"저에게 보물이라면, 우리 어머니 병을 고치는 약입니다."

성의 주인은 욕심 없고 효심 지극한 소녀에게 감동했어. 그래서 작은 구슬 하나를 소녀에게 주었어.

구슬을 어머니께 먹이면 병이 나을 거라고 했지.

소녀는 집으로 돌아와 성의 주인이 시킨 대로 어머니 입에 구슬을 넣었어. 그러자 어머니는 감쪽같이 병이 나았어.

건강해진 어머니와 소녀는 날마다 들에 나가 꽃을 보며 행복하게 살았단다.

배 속에 네가 자리 잡기 전에는 이런 이야기에도 마음이 잘 움직이지 않았어.
그런데 요즘엔 엄마와 아이 이야기를 들으면 가슴이 찌릿찌릿해.
'네가 말을 걸어오는 것은 아닐까?' 생각한단다.
네가 말을 걸어오면 엄마는 행복의 열쇠를 손에 쥔 기분이야.

weeks

35

조금씩 조금씩 갈 수 있는 곳까지

요즘 엄마의 시간은 천천히 흘러.
너와 함께하기 전엔 늘 시계보다 빨리 움직이려고 했는데,
지금은 서두를 것 하나 없잖아.
함께 걷는 사람과 보조를 맞추지 못할 때 느꼈던 조바심도 이제는 없어.
걷다 몸이 무거우면 그 자리에서 쉬어 가곤 해.
내 안에 생명을 키워내기 위해 온 시간을 살고 싶어. 그래서 아침이 늘 행복해.
아침이 되면 근심과 걱정을 잊고 그저 행복한 마음으로
하루를 시작하는 빨간 머리 앤처럼 말이야.

빨간 머리 앤

이런 아침에는 세상을 그저 사랑할 수밖에 없지 않나요?

시냇물의 웃음소리가 여기까지 들리는 것 같아요. 시냇물이 얼마나 즐거운지 아세요?

시냇물은 항상 웃어요. 겨울에도 단단한 얼음 저 밑에서 웃는 소리가 들려요.

초록 지붕 집 근처에 시내가 있어 좋아요.

저는 여기서 살 수 없을 텐데, 무슨 상관이냐고 생각하실지 모르지만 그렇지 않아요.

다시는 저 시내를 볼 수 없다 해도, 초록 지붕 집 근처에 시내가 있다는 사실을 기억할 거예요.

만약 시내가 없었다면 '거기에는 시내가 꼭 있어야 하는데' 하는 아쉬운 감정이 늘 따라다녔을 거예요.

저는 오늘 아침에 절망의 구렁텅이에 빠지지 않았어요.

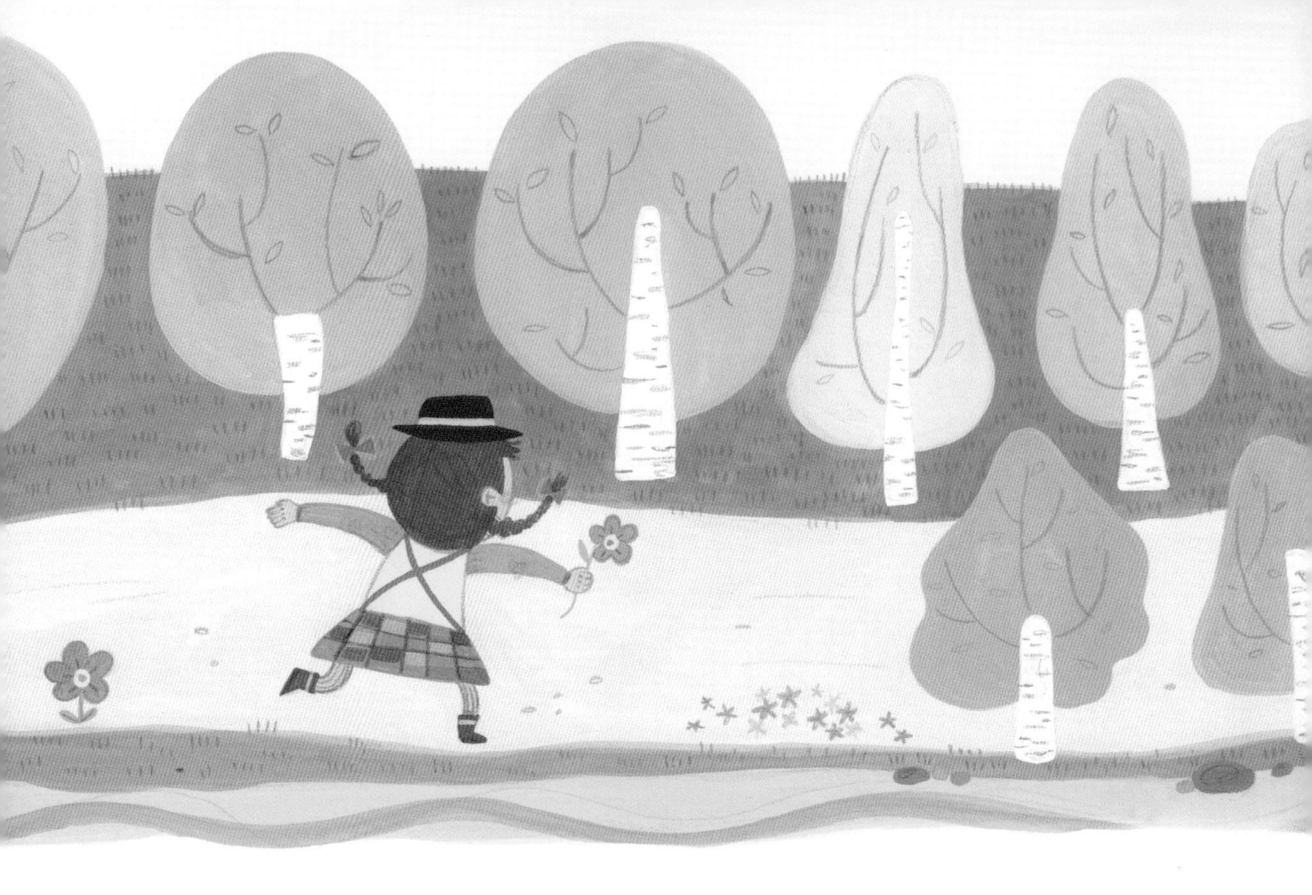

아침엔 절대 그럴 수 없어요.

아침이 있다는 게 정말 좋지 않으세요?

아침은 어떤 아침이든 즐거워요.

오늘은 무슨 일이 일어날지 생각하고 기대하는 상상의 여지가 충분하거든요.

앤은 '뭔가를 기대하는 것은 거기서 얻는 기쁨의 절반'이라고 말해.

기대했던 것을 얻을 수 없을지라도

그걸 기대하는 기쁨은 아무도 막을 수가 없기 때문이라고 말이야.

엄마는 종종 기대한 것을 얻지 못할까 봐 조급해하거나,

상처받기 두려워서 기대하지 않으려고 했어.

그런데 지금은 너와 함께할 많은 날들을 기대해.

빨간 머리 앤처럼, '오늘은 어떤 일이 일어날까?' 기대하며 조금씩 발을 내딛게 돼.

weeks

36

웃으면
몸도 마음도 기뻐해

너를 맞이하고 엄마의 사전에는 날마다 새로운 단어가 추가되고 있어.
그 가운데 엄마는 '배내'라는 말이 참 좋더라.
배내는 날 때부터 배 안에서 가지고 있는 것이란 뜻이야.
이 세상에서 너와 나, 엄마와 아기만이 가지고 있는 것이지.
네가 배냇짓을 한다는 의사 선생님 말에 엄마는 무척 설렜어.
이제 초음파 사진을 찍으면 웃는 모습도 찡그린 모습도 볼 수 있다던데,
오늘 엄마를 위해 활짝 웃어 줄래? 네가 웃으면 엄마도 함께 웃을 거야.

비밀의 화원

메리는 전염병으로 부모를 잃고 고모부가 살고 있는 영국 요크셔로 이사 왔어. 메리는 여러 하인들에 둘러싸여 버릇없이 자랐어. 그런데 고모부 집에서 하인의 아들 디콘, 사촌 콜린과 함께 비밀의 화원을 가꾸며 눈에 띄게 변하게 돼.

메리뿐 아니라 콜린에게도 커다란 변화가 생겼어. 몸이 약해서 일어서지도 못하던 콜린은 잘 먹지도 않고 신경질만 부리는 아이였어. 그런데 메리와 디콘과 어울려 지내며 점차 건강을 회복하고, 마침내 제 발로 서게 되었어.

콜린은 이 일을 아버지에게 직접 말하고 싶었어. 그래서 세 아이는 연극놀이를 시작했어. 어른들 앞에서 몸이 좋아진 것과 두 발로 걷게 된 것을 한동안 숨겼지. 쉽지는 않았어. 건강이 좋아진 콜린이 식욕을 참지 못했거든. 아버지가 집에 돌아오려면 여러 날이 남았는데, 걱정이었어.

디콘은 그런 사정을 어머니에게 이야기했어. 디콘의 어머니는 한바탕 크게 웃고 나서 아이들의 연극에 조력자로 나섰어. 콜린이 몰래 먹을 수 있는 음식을 준비해 주었지. 콜린은 어른들 앞에서는 계속 아픈 척하며 잘 먹지도 않고 신경질도 부렸어. 그 모습을 보며 메리와 디콘은 웃음을 참느라 힘들었어. 참다 참다 어른들이 없을 때 세 아이는 정신없이 웃었어.

콜린이 도통 먹지 않는다는 소식을 듣고 의사 선생님이 검진을 왔어. 찬찬히 콜린을 살펴보던 의사 선생님은 고개를 갸웃했어. 콜린의 피부엔 따스한 장밋빛 기운이 감돌고 눈동자는 한없이 맑은 빛을 띠었거든. 머리칼은 윤기가 돌아 어느 때보다 건강해 보였지. 의사 선생님은 걱정하는 하인들을 안심시켰어.

"잘 먹지 않아도 건강하기만 하다면 우리가 끼어들 필요는 없을 것 같군요. 콜린은 예전과는 전혀 딴 애가 되었답니다."

"선생님 말씀을 듣고 보니 메리도 그런 것 같습니다. 살이 올라 뚱한 표정이 없어지니까 예쁜 아이가 되었어요. 머리카락도 더 이상 뚝뚝 끊어지지 않고 몸도 튼튼해 보여요. 이곳에 처음 왔을 때는 지독하게 무뚝뚝하고 못돼먹은 아이였는데, 자기들끼리 있을 땐 제정신이 아닌 애들처럼 웃습니다. 그 덕에 먹지 않아도 살이 찌나 봅니다."

하인이 아이들을 보고 느낀 것을 말하자 의사 선생님은 말했어.

"그럼 두 아이 모두 마음껏 웃게 내버려 두세요."

엄마가 웃으면 아기도 건강하게 자란다는 말이 있지.

예전에는 기쁜 일이 있어야 웃지, 억지로 웃는 것은 자연스러운 일이 아니라고 생각했어.

그런데 틱낫한 스님은 "슬픔에게도 미소를 보낼 수 있어야 한다."고 했어.

우리는 슬픔 그 이상의 존재이기 때문이라고 말이야.

엄마는 네가 태어나면 그 말을 자주 해주고 싶어. 살다 보면 기쁜 일만 일어나진 않겠지.

하지만 네가 슬픔에게도 미소를 보낼 수 있는 사람이 되었으면 해.

오늘도 우리 함께 웃자, 아가야.

아기는 이제 드디어 세상에 나올 준비를 다 마쳤습니다.

• • •

엄마는 언제 아기가 나올지 모르니 장거리 여행을 삼가세요.
지나친 운동도 좋지 않습니다.
출산준비물 중에 빠진 것은 없는지 확인해 보고,
출산을 대비해 가방을 꾸려 두세요.
양수가 흐르거나 출혈이 있을 때,
초산부는 배가 규칙적으로 10분 간격으로 뭉칠 때,
경산부는 15분 간격으로 뭉칠 때 병원으로 갑니다.

• • •

아빠는 출산이 임박해 있으므로
엄마의 상태에 항상 촉각을 세우고 있어야 합니다.
또한 엄마와 태아를 위해 언제든지 연락이 가능한 상태를 유지하세요.

37~40주

솜털은 어깨와 가슴 부위에만 남아 있고, 손톱은 손끝 너머까지 자라게 됩니다. 머리카락은 거칠어지고 두꺼워진답니다.
키 49~55cm / 몸무게 2.8~3.4kg

Chapter 5

안녕, 아가!

weeks

37

너는 내 운명

거울 앞에서 불룩한 엄마 배를 보다 문득 릴케의 말이 떠올랐어.

릴케는 세상에서 가장 아름다운 모습이 만삭의 여자 몸이라고 했거든.

두 생명이 공존하는 모습이, 시인의 눈에는 아름답게 보였나 봐.

네가 처음 찾아왔던 날을 떠올리며 릴케의 시집을 뒤적여 보았어.

그러다 이 시에, 엄마 마음이 꽂혔네.

사랑은 어떻게 너에게로 왔던가

라이너 마리아 릴케

……사랑은 어떻게 너에게로 왔던가
빛나는 햇살처럼 찾아왔던가, 아니면
우수수 떨어지는 꽃눈보라처럼 찾아왔던가?
아니면 기도처럼 찾아왔던가 - 말해 주렴!
반짝이며 하나의 사랑이 하늘에서 풀려나와
커다랗게 날개를 접고 마냥 흔들리며
꽃 피어 있는 내 영혼에 걸렸습니다…….

불교에 '겁'이란 시간이 있어. 1겁의 시간은 천 년에
한 방울씩 떨어지는 물방울이 집채만 한 바위를
뚫는 데 걸리는 시간이래. 스쳐 지나가는 인연도 오백 겁의
인연이 있어야 만들어진다니 놀랍지?
그렇다면 부모와 자식의 인연은 얼마나 많은 겁의 인연을
쌓아야 만들어지는 걸까? 어느 날 살며시 내 삶에
찾아왔으나 너는 내 운명!

weeks

38

점점
너를 닮고 있어

엄마랑 아빠를 보고 사람들이 닮았다고 해.

엄마랑 아빠는 어디가 닮았는지 잘 모르겠는데 말이야.

눈, 코, 입은 달라도 왠지 분위기가 비슷할까?

성격이 비슷한 것도 아닌데 분위기가 비슷하다니 왜일까?

엄마와 네가 교감하고 공감하듯 아빠와 엄마도 공감하니까? 아마도 그렇겠지.

그 사람이 되어 보는 것, 어쩌면 닮는다는 건 그런 거겠지.

크리스마스 선물

델라와 짐 부부는 허름한 아파트에서 가난하게 살았어. 그래도 서로를 살뜰하게 아껴 주었어. 부부는 크리스마스를 앞두고 고민에 빠졌어. 서로에게 크리스마스 선물을 하고 싶었는데, 돈이 있어야 말이지.

델라는 가지고 있는 돈을 세고 또 세어 보았어. 채소 값도 고기 값도 깎으며 모았는데 겨우 1달러 87센트밖에 안 되다니, 그녀는 결국 울음을 터뜨렸지. 델라는 눈물을 닦고 거울 앞에 서서 틀어 올린 머리를 풀었어. 갈색 머리카락이 아름답게 물결치며 무릎 아래로 떨어져 내렸지.

델라는 거울 앞에서 잠시 머뭇거리더니 밖으로 나와 마담 소프라니 가게로 달려갔어. 마담 소프라니에게 머리카락을 팔려고 말이야. 짐에게는 대대로 물려받은 멋진 금시계가 있었는데, 줄이 없어서 낡은 가죽 끈으로 묶어 놓고 남몰래 시계를 보아야 했어. 그래서 델라는 머리를 팔아 남편에게 줄 크리스마스 선물로 금시계 줄을 샀어.

늦는 법이 없던 짐이 저녁 시간이 지났는데도 오지를 않네. 이윽고 들려오는 짐의 발소리에, 델라는 얼굴이 창백해지고 어쩔 줄을 몰라 하더니 버릇처럼 기도를 드렸어.

"짐이 저의 짧은 머리를 보고 놀라지 않게 해주세요!"

짐은 그저 뚫어져라 아내를 쳐다보았어. 델라는 남편의 감정을 읽을 수 없어 겁이 났어. 처음 보는 낯선 얼굴이었어. 델라는 남편에게 말했어.

"당신에게 줄 선물 없이 크리스마스를 맞이하면 슬프겠더라고요. 그래서 머리카락을 잘라 팔았어요."

짐은 그저 "머리카락이 없어졌다니", 그 말만 되풀이했어. 델라는 남편의 마음을 풀어 주려고 애썼어. 넋이 나가 있던 짐이 델라를 끌어안으며 말했어.

"당신이 머리를 잘랐거나 밀었거나 뭘 어쨌다 해도 내 마음은 변하지 않아요. 당신을 보고 넋이 나갔던 건……."

짐은 주머니에서 종이에 싼 것을 꺼내 아내에게 주었어. 종이를 풀어 본 델라의 입에서 탄성이 흘러나왔어. 그러나 탄성은 이내 탄식이 되었고, 그녀는 흐느꼈어. 이제 짐이 델라를 달래야 했어. 짐이 사랑하는 아내에게 선물했던 것은 머리에 꽂는 빗이었어. 보석이 박혀 있는 아름다운 빗이었지.

"내 머리는 빨리 자라요!"

슬픔이 멎고 다시 기쁨이 그녀를 찾아왔지. 그러고는 그녀도 남편에게 선물을 주었어. 짐은 선물을 보고는 빙그레 웃으며 델라에게 말했어.

"아무래도 우리의 크리스마스 선물을 당분간 어디 넣어 두어야겠네. 당신에게 빗을 선물하려고 시계를 팔았으니……."

어렵게 마련한 선물이 아무 소용 없게 되다니……. 저런 낭패가 다 있을까.

그래도 두 사람은 실망도 절망도 하지 않고 어느 때보다 행복하게 크리스마스를 보냈어.

델라와 짐이 주고받은 선물은 값을 매길 수 없는, 서로에 대한 사랑이었겠지.

델라와 짐도 닮은 부부였을 거야. 서로를 사랑하는 마음이 닮았잖아.

엄마는 점점 너를 닮고 있어. 아마 너도 점점 엄마를 닮고 있겠지.

"어머, 아이가 엄마 아빠를 쏙 빼닮았네요!"

어느 봄날에 너와 함께 산책이라도 하면 이웃들이 그럴 거야.

그 말에 엄마는 두근두근 가슴이 뛰겠지.

weeks

39

오늘일까,
내일일까?

열 달 가까이 우리 한 몸으로 살았는데,

이제 곧 낯선 세상으로 나올 너를 생각하니 걱정도 되고 기대도 되네.

그럴 때면 너를 위해 준비해 놓은 것들을 죽 펼쳐 놓고 보곤 해.

자장, 자장, 자장가도 불러 보고.

너를 품에 안고 들려줄 노래인데, 지금 한번 불러 볼까?

자장가

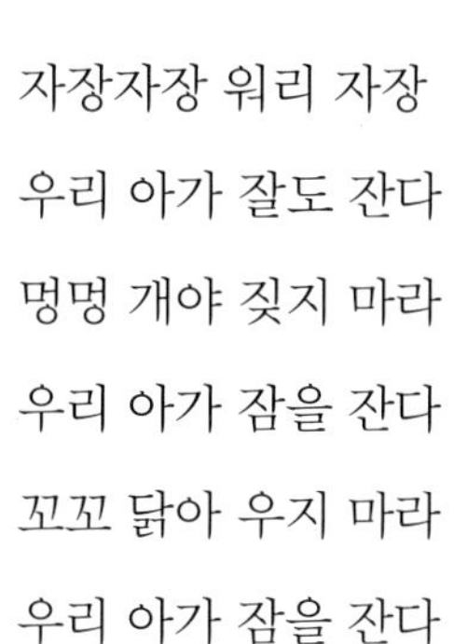

자장자장 워리 자장
우리 아가 잘도 잔다
멍멍 개야 짖지 마라
우리 아가 잠을 잔다
꼬꼬 닭아 우지 마라
우리 아가 잠을 잔다

자장자장 워리 자장
우리 아가 잘도 잔다
앞동산에 까마귀야
까악까악 우지 마라
우리 아가 잠을 깰라
뒷동산에 부엉이야
부엉부엉 우지 마라
우리 아가 잠을 깰라

자장자장 워리 자장
우리 아가 잘도 잔다
옆집 아가 못난 아가
우리 아가 잘난 아가
옆집 아가 코떡 주고
우리 아가 꿀떡 주지

자장자장 워리 자장
우리 아가 잘도 잔다
은을 주면 너를 살까
금을 주면 너를 살까
꽃이불에 꽃방석에
우리 아가 잘도 자네

엄마의 엄마, 그러니까 할머니 어릴 적에 할머니의 엄마가 들려주던 자장가래.
듣고 있노라면 잠이 솔솔 왔지. 듣고 있노라면 두려울 것이 아무것도 없었지.
한없이 포근한 엄마 품속으로 빨려들어 가는 것만 같았거든.

weeks

40

안녕, 아가!

280일, 길고도 짧은 시간, 우리 틈만 나면 조잘조잘 수다를 떨었는데,

별별 이야기를 다 나누었는데, 천사의 방문으로 너만의 비밀이 하나 생기겠네.

이제 곧 네게 천사가 찾아와 삶의 비밀들을 다 잊으라고 할 거야.

아가야, 그래도 엄마 아빠 목소리는 잊지 않고 기억해 주겠지?

인중의 비밀

엄마 배 속으로 찾아들기 전에, 아기들은 모두 천국에서 까르르 웃으며 함께 있었어.

그런데 천국의 아기들은 어려운 선택을 해야 해.

"곱고 예쁜 저 사람이 나의 엄마라면 좋겠어."

"따뜻하고 좋은 냄새가 나네. 저 사람이 나의 엄마라면 좋겠어."

"힘들어도 활짝 웃는 저 사람이 나의 엄마라면 좋겠어."

아기들은 저마다의 이유로 엄마를 선택해서 엄마 배 속으로 쏙 들어가 자리를 잡아.

아기들은 앞으로 어떤 일이 일어날지, 태어나기 전에 모든 걸 다 알고 있어. 지난 모든 삶들까지 생생히 기억하고 있지.

그렇지만 삶의 비밀과 전생의 기억을 모두 망각의 주머니에 넣어 두어야 할 때가 오는 거야.

그때 엄마 배 속으로 새하얀 날개를 퍼덕이며 천사가 찾아와.

손가락을 빨며 졸고 있는 아기에게 천사는 속삭여.

"쉿! 비밀이야."

천사는 아기 입술과 코 사이에 손가락을 살짝 얹어 놓아.

그렇게 해서 세상 모든 아가들에게 인중이 생기지.

인중은 비밀을 간직하자는 천사와의 약속이야.

그래서 천사의 지문이라고도 한단다.

너는 어느 때 엄마 목소리가 높아지는지, 어느 때 잦아드는지 엄마보다 잘 알고 있을 거야.

이윽고 세상에 나왔을 때 네 이름을 부르는 목소리.

기적 같은 순간에 떨고 있는 엄마 목소리를 너는 눈치채겠지?

그때 너는 모든 것을 홀랑 잊고 두려워 앙, 하고 울음을 터뜨릴지도 몰라.

괜찮아, 엄마 아빠가 네 옆에 있잖아.

글의 출처

Chapter 1. 나에게 찾아와 줘서 고마워

8주 • 날마다 사랑을 배워 : 현덕의 〈엄마의 힘〉 개작
11주 • 네가 있어 내 마음에 빛이 자라 : 강소천의 시 〈호박꽃 초롱〉
12주 • 너에게 이름을 줄게 : 앙투안 드 생텍쥐베리의 〈어린왕자〉 중 일부 개작

Chapter 2. 우린 같은 꿈을 꾸고 있을까?

20주 • 꼬물꼬물 움직이는 너에게 : 윤동주의 동시 〈봄〉

Chapter 3. 뭐든 마음먹으면 돼

21주 • 인생은 춤추는 거야 : 루이스 캐럴의 〈이상한 나라의 앨리스〉 중 일부 개작
22주 • 길을 떠나야 자랄 수 있어 : 프랭크 바움의 〈위대한 오즈의 마법사〉 중 일부 개작
23주 • 때론 낯선 곳에서 비로소 나를 볼 수 있어 : 발데마르 본젤스의 〈꿀벌 마야의 모험〉 개작
24주 • 조금 부족해도 넉넉해 : 조선시대 문신 김정국의 〈송와잡설(松窩雜說)〉 중 일부 개작

Chapter 4. 나누면 나눌수록 행복해

30주 • 나누면 나눌수록 행복해 : 백석의 동화시 〈개구리네 한솥밥〉 개작
33주 • 마음으로 귀 기울이면 : 알퐁스 도데의 〈별〉 개작
35주 • 조금씩 조금씩 갈 수 있는 곳까지 : 루시 모드 몽고메리의 〈빨간 머리 앤〉 중 일부 개작
36주 • 웃으면 몸도 마음도 기뻐해 : 프랜시스 호지슨 버넷의 〈비밀의 화원〉 개작

Chapter 5. 안녕, 아가야!

37주 • 너는 내 운명 : 라이너 마리아 릴케의 시 <사랑은 어떻게 너에게로 왔던가> 중 일부
38주 • 점점 너를 닮고 있어 : 오 헨리의 〈크리스마스 선물〉 개작

나머지 이야기는 우리나라를 비롯한 세계 여러 나라의 옛이야기,
탈무드 동화, 옛노래를 개작한 것입니다.

Dear My Baby

미니 태교 다이어리

태교동화를 읽어 준 다음,
아기에게 하고 싶은 말이나 생각나는 것을 편하게 남겨 보세요.

태명 ____________________

어떤 의미를 담아서 지었나요?

태몽을 꾼 적이 있나요? 언제, 어떤 내용의 꿈이었나요?

아기가 엄마 배 속에 온 것을 처음 알게 된 날은 언제인가요?

(테스트 확인한 날, 병원 방문한 날)

아기에게 하고 싶은 말은 무엇인가요?

_______ 년 ______ 월 ______ 일　　　　　　　　임신 주수 ______________

_______ 년 ______ 월 ______ 일　　　　　　　　임신 주수 ______________

_____ 년 _____ 월 _____ 일 임신 주수 __________

_____ 년 _____ 월 _____ 일 임신 주수 __________

_______ 년 _______ 월 _______ 일　　　　　임신 주수 ____________

_______ 년 _______ 월 _______ 일　　　　　임신 주수 ____________

_______ 년 ______ 월 ______ 일 임신 주수 ______________

_______ 년 ______ 월 ______ 일 임신 주수 ______________

______ 년 ______ 월 ______ 일 임신 주수 __________

______ 년 ______ 월 ______ 일 임신 주수 __________